Elektromotoren

Ein Leitfaden zum Gebrauch für
Studierende, Betriebsleiter und Elektromonteure

Von

Dr.-Ing. **Johann Grabscheid**

Mit 72 Textabbildungen

Springer-Verlag Berlin Heidelberg GmbH 1921

ISBN 978-3-662-32210-9 ISBN 978-3-662-33037-1 (eBook)
DOI 10.1007/978-3-662-33037-1

Ursprünglich erschienen bei Julius Springer in Berlin 1921

Vorwort.

Das vorliegende Buch, welches seine Entstehung einer Anregung des Herrn Oberingenieurs Fritz Eisler, Wien, verdankt, ist zur Einführung von Studierenden, Monteuren, Werkmeistern und Betriebsleitern in die Wirkungsweise, die Bauart, die Behandlung und das Anwendungsgebiet der Elektromotoren bestimmt.

Vorerst werden die zur Erfassung der Wirkungsweise der Elektromotoren notwendigen elektrotechnischen Grundbegriffe erläutert, sodann kommen die Arten der Elektromotoren, deren Anlassen und Drehzahlregelung zur Besprechung. Ein besonderes Kapitel ist den Baustoffen im Elektromaschinenbau gewidmet. Von den wichtigsten Arten und gangbarsten Größen der Elektromotoren werden Ausführungsbeispiele gebracht. Schließlich werden die häufigsten Defekte an den Elektromotoren aufgezählt und in Tabellenform deren zweckmäßigste Behebung gegeben.

Wien, im April 1921.

J. Grabscheid.

Inhaltsverzeichnis.

I. Einleitung.

Während noch vor wenigen Jahren die Frage der zweckentsprechendsten Betriebskraft dem Industriellen und Gewerbetreibenden große Sorgen machte, erscheint heute diese Frage dort, wo eine Anschlußmöglichkeit an ein Elektrizitätswerk vorhanden ist, entschieden.

Die mißlichen Arbeiterverhältnisse, die Schwierigkeiten in der Beschaffung der Betriebsmaterialien verschaffen dem Elektromotor gegenüber allen übrigen Motorgattungen selbst dann den Vorzug, wenn eine unter richtigen Voraussetzungen aufgestellte Betriebskostenberechnung eine andere Antriebsmaschine vom reinen Kostenstandpunkte aus vorteilhafter erscheinen ließe.

Wird aber erst einmal das Schlagwort von der allgemeinen Elektrisierung der Wasserkräfte zur Wahrheit, dann wird wohl dem Elektromotor unter allen Umständen die unbestrittene Vorherrschaft eingeräumt bleiben.

Der Hauptunterschied zwischen dem Elektromotor und den sonstigen Kraftmaschinen liegt in dem Treibmittel, das bei der erstgenannten Maschinengattung körperlos ist. Daher sind auch die gewöhnlichen Meßmittel und Meßmethoden nicht anwendbar.

Die Geschichte des Elektromotors beginnt etwa um 1810 mit der Entdeckung des Engländers Davys (1778—1829), daß der elektrische Lichtbogen durch die Pole eines Magnetes abgelenkt und in Drehung versetzt werden kann, wodurch die Beziehung zwischen Elektrizität und Magnetismus erwiesen wurde. Der Nachweis, daß umgekehrt auch der elektrische Strom auf einen beweglich angebrachten Magnet wirkt, wurde durch den dänischen Physiker Oersted 1820 erbracht. Schon im Jahre 1834 konnte der Engländer Jakobi dem russischen Zaren auf der Newa ein Boot mit einem durch Elemente gespeisten einpferdigen elektromagnetischen Motor vorführen. Die älteste Maschine, die dem heutigen Gleichstrommotor annähernd entspricht, ist im Jahre 1860 von A. Pacinotti in Florenz erfunden worden.

Aber erst die Erfindung der dynamoelektrischen Maschine durch Werner v. Siemens und Gramme Ende der sechsiger Jahre des vorigen Jahrhunderts hat den modernen Gleichstrommotor geschaffen. Von da an ist die Geschichte des Gleichstrommotors die Geschichte der Gleichstrom-Dynamomaschine.

Den ersten Induktionsmotor (Wechselstrommotor) in seiner einfachsten Form hat Walter Baily der physikalischen Gesellschaft in London am 28. Juni 1870 vorgeführt und damit den ersten mehrphasigen Motor gezeigt; 1885 hat Ferraris in Turin einen Motor geschaffen, der einen weiteren Fortschritt in der Geschichte der mehrphasigen Motore bedeutete. In den Jahren 1886—1887 bauten dann Ganz & Co. (nach den Patenten von Blathy & Déri), Siemens & Halske, Oerlikon usw. die ersten praktischen Einphasen-Motoren. M. von Dolivo Dobrowolsky hat zuerst im Jahre 1890 den Ausdruck »Drehstrom« gebraucht, um ein mehrphasiges System von Strömen zu bezeichnen. Nikola Tesla gelang es 1887—1891 für den Drehstrommotor eine praktische Konstruktion anzugeben.

Die eigentliche erste praktische Erprobung des Drehstrommotors fällt zusammen mit der ersten größeren elektrischen Kraftübertragung im Jahre 1891 von Lauffen nach Heilbronn (900 PS auf 12 km).

Der Projektant des diese Kraftübertragungsleitung speisenden Kraftwerkes, Ingenieur Oskar Miller in München sagte hierüber: »Es wird bei dieser Anlage für die Stromverteilung der mehrphasige Wechselstrom, der sogenannte Drehstrom, zum ersten Male zur Anwendung kommen, weil so hohe Spannungen, wie sie zur Fortleitung von Strömen auf eine Entfernung von 12 km nötig sind, nur mit Wechselstrommaschinen sicher erzeugt werden können und weil mehrphasige Wechselströme sich besonders gut für kleine Elektromotoren eignen, welche in der Stadt Heilbronn einen bedeutenden Teil des Konsums bilden werden«.

Seither ist für nahezu alle großen Elektrizitätswerke das Drehstromsystem gewählt worden, so daß es den Anschein hat, als wenn der Drehstrom den Gleichstrom verdrängte und die Anwendung des Gleichstromes nur auf gewisse Zwecke, besonders auf den Betrieb von Straßen- und Kleinbahnen, beschränkt bliebe.

Allerdings setzte gerade in der jüngsten Zeit eine neue Bewegung gegen den Drehstrom ein. Ingenieur Dolivo-Dobrowolsky, derselbe, dem das System seinen Namen verdankt, spricht bereits von den Grenzen der Kraftübertragung durch den Wechselstrom und hält allein den hochgespannten Gleichstrom als die Zukunftslösung für die Übertragung der elektrischen Kräfte auf sehr große Entfernungen. (Mehr als 200 km.)

II. Allgemeine elektrotechnische Grundbegriffe.

Reibt man eine Glasstange mit Seide, so wird sie elektrisch; dieser Umstand äußert sich darin, daß sie kleine leichte Körperchen anzieht; auch eine mit Wolle geriebene Harzstange wird elektrisch. Man nennt die Glaselektrizität positive, die Harzelektrizität negative

Elektrizität; ein positiv und ein negativ geladener Körper gleichen sich bei Berührung gegenseitig aus, oder anders ausgedrückt neutralisieren sich, so daß beide nach der Berührung wieder unelektrisch sind. Man kann sich diesen Ausgleich dadurch entstanden denken, daß die Elektrizität vom höheren, d. i. dem positiven Niveau zum niederen, d. i. dem negativen Niveau fließt, bis sich beide Ladungen ausgeglichen haben; dieser Vorgang läßt sich anschaulich mit der Wasserströmung aus einem höher liegenden in ein tiefer liegendes Reservoir vergleichen; das Wasser wird vom höher liegenden so lange in das tiefer liegende fließen, bis der Wasserspiegel in beiden gleich hoch steht.

Der vorerwähnte Ausgleich zwischen den ungleichnamigen Elektrizitäten, welcher zwischen dem geladenen Körper, oder aber zwischen den ungleich bezeichneten Klemmen eines Elementes bzw. einer Dynamomaschine erfolgen kann, wird elektrischer Strom genannt.

Man hat die Annahme getroffen, daß beim elektrischen Strome nur die positive Elektrizität in Bewegung tritt. Diejenige Elektrizitätsmenge die in der Zeiteinheit durch den Querschnitt eines Leiters fließt, nennt man die Stromstärke; diese wird allgemein mit J bezeichnet. Die Einheit der Stromstärke ist das Ampere, welches mit A bezeichnet wird.

Die Ursache des elektrischen Stromes, welcher der Träger des durch Elektrizitätsbewegungen erfolgenden Ausgleiches ist, nennt man die elektromotorische Kraft oder Spannung; diese wird allgemein mit E bezeichnet; die Einheit der Spannung ist das Volt, das die Bezeichnung V trägt.

Schließt man Drähte verschiedenen Materiales und verschiedener Länge nacheinander an dieselbe Spannung an, so wird der in diesen Drähten auftretende Strom ebenfalls verschieden sein, d. h. die verschiedenen Drähte werden für den Strom einen größeren oder kleineren Widerstand bedeuten. Je größer also der Widerstand, desto kleiner die Stromstärke; andererseits wird bei ein und demselben Leiter die Stromstärke um so größer je größer die Spannung ist an die man den Leiter anschließt; diese Tatsachen lassen sich durch ein Gesetz ausdrücken, welches man das Ohmsche Gesetz nennt; es lautet

$$J = \frac{E}{R};$$ d. h.

die Stromstärke ist gleich der Spannung, gebrochen durch den Widerstand.

in welcher Formel
J die Stromstärke,
E die Spannung
R den Widerstand
bedeutet.

Als Einheit des Widerstandes wurde das Ohm festgesetzt; es ist dies der Widerstand eines Leiters, in welchem die Spannung von einem Volt den Strom von einem Ampere erzeugt. Nach anderer Definition ist das Ohm auch der Widerstand einer Quecksilbersäule von 106,3 cm Länge und 1 mm² Querschnitt.

Der Widerstand eines gegebenen Leiters ist abhängig von dem Leitermaterial, der Leiterlänge und dem Querschnitt; dies läßt sich durch die Gleichung

$$R = \varrho \cdot \frac{l}{q}$$

ausdrücken, in welcher

R den Widerstand des Leiters in Ohm,

l die Leiterlänge in m und

q den Leiterquerschnitt in mm², bedeuten.

ϱ ist ein Faktor der vom Leitermaterial abhängt und den man den spezifischen Widerstand des betreffenden Materiales nennt.

Die nachstehende Tabelle gibt den spezifischen Widerstand in Ohm für einige wichtige Leiter:

Silber weich	$\varrho = 0{,}0158$,
» hart	$\varrho = 0{,}0175$,
Kupfer bei 15° C . . .	$\varrho = 0{,}0175$,
» warm (50° C). .	$\varrho = 0{,}02$,
Aluminium gewalzt . .	$\varrho = 0{,}02874$,
Zink gepreßt	$\varrho = 0{,}059$,
Eisendraht	$\varrho = 0{,}12—0{,}14$,
Quecksilber	$\varrho = 0{,}94 = \frac{1}{1{,}063}$,
Neusilber (Nickelin) . .	$\varrho = 0{,}2—0{,}4$,
Kohle	$\varrho = 100—1000$.

Bei der Herstellung der Wicklungen für Elektromotoren und Dynamomaschinen ist man selbstredend bemüht das bestleitende Material zu verwenden; die ideale Maschinenwicklung wäre eine solche mit Silberleiter, welche Ausführung naturgemäß viel zu hohe Kosten zur Folge hätte. Als hauptsächlich verwendetes Leitermaterial für Maschinenwicklungen kommt Kupfer in Betracht; seit der bald nach Ausbruch des Weltkrieges aufgetretenen Verwendungseinschränkung der Sparmetalle wurde das Wicklungskupfer vielfach durch Zink und Aluminium ersetzt; man trachtet jedoch die Ausführung von Maschinen mit Wicklungen aus Ersatzmetallen nach Möglichkeit zu vermeiden.

Der spezifische Widerstand wird bei allen Metallen um so größer je größer die Temperatur ist.

Bei Kohle und bei den flüssigen Leitern hingegen nimmt der spezifische Widerstand mit zunehmender Temperatur ab. Die Eigenschaft der Metalle, ihren spezifischen Widerstand mit wachsender Temperatur zu erhöhen, ist aber für Maschinenbewicklungen sehr wichtig.

Bekanntlich wird jeder vom elektrischen Strome durchflossener Leiter erwärmt. Zahlreiche Versuche ergaben, daß die infolge des Stromdurchganges durch den Leiter entwickelte Wärme proportional dem Produkte aus Spannung, Stromstärke und Zeit ist; dieses Produkt

$$EJt = J^2Rt$$

nennt man elektrische Arbeit; hierbei bedeuten E die Spannung, J die Stromstärke, t die Zeit. Die elektrische Arbeit pro Zeiteinheit nennt man die elektrische Leistung; sie wird in Watt ausgedrückt, mit L bezeichnet und ist dargestellt durch das Produkt $L = EJ$; wird E in Volt, J in Ampere ausgedrückt, so ergibt sich die Leistung L in Voltampere oder Watt; ein Kilowatt hat 1000 Watt; die Bezeichnung für Kilowatt ist KW; die Leistung der Motoren wird meist in Pferdestärken ausgedrückt; eine Pferdestärke ist die Leistung, welche sich ergibt, wenn 1 kg 75 mal in der Sekunde 1 m hoch gehoben oder 1 kg in einer Sekunde 75 m hoch gehoben wird oder aber wenn 75 kg einmal in der Sekunde 1 m hoch gehoben werden. 1 PS hat 736 Watt oder 0,736 KW.

Ein Leiter wird um so wärmer je stärker der ihn durchfließende Strom ist und je länger der Stromdurchfluß dauert, auf Motoren angewendet heißt dies, der Motor erwärmt sich um so mehr, je stärker der seine Bewicklung durchfließende Strom, d. h. je stärker der Motor belastet ist und je länger die Belastung dauert. Wird der Leiter konstant von einer Stromstärke J durchflossen, so stellt sich schließlich ein stationärer Wärmezustand, d. h. eine bestimmte Temperatur des Motors ein; die durch den Stromdurchgang erzeugte Wärmemenge bedeutet für den Elektromotor einen Leistungsverlust, den man »Stromwärme- oder Kupferverlust« des Elektromotors nennt. Die durch Stromdurchgang erzeugte Temperaturerhöhung des Leiters darf die zulässigen Grenzen nicht überschreiten.

Die folgenden Tabellen geben die vom Wiener Elektrotechnischen Verein vorgeschriebenen, zulässigen, feuersicheren Stromstärken für blanke und isolierte Leitungen bzw. Kabel; die feuersicheren Stromstärken sind — wie aus den Tabellen hervorgeht — auch davon abhängig, ob der Leiter oberirdisch oder in Erde verlegt ist.

Tabelle I.

Zulässige feuersichere Stromstärke für oberirdisch verlegte, blanke und isolierte Drähte und Kabel aus Leitungskupfer.

Normaler Leitungsquerschnitt in mm²	1	1,5	2,5	4	6	10	16	25	35	50	70	95	120	150	185	240
Zulässige feuersichere Stromstärke in Ampere	6	10	15	20	30	45	60	90	120	150	200	250	300	350	410	500

Tabelle II.

Für in 70 cm Tiefe verlegte Einfachkabel mit Kupferleiter bei Gleichstrombetrieb bis 600 Volt Betriebsspannung; diese Tabelle gilt, solange nicht mehr als zwei Kabel dicht nebeneinander im gleichen Graben in der üblichen Verlegungstiefe liegen.

Normaler Leitungsquerschnitt in mm^2	16	25	35	50	70	95	120	150	185	240	310	400	500	625	800	1000
Zulässige feuersichere Stromstärke in Ampere	140	175	215	260	315	370	420	475	530	615	705	810	920	1040	1190	1350

Tabelle III.

Zulässige feuersichere Stromstärken für oberirdisch verlegte, blanke und isolierte Drähte mit Eisenleiter (siehe Anhang 2 der Sicherheitsvorschriften des Wiener Elektrotechnischen Vereins).

Normaler Leitungsquerschnitt in mm^2	1	1,5	2,5	4	6	10	16	25	35	50	70	95	120	150	185	240
Zulässige feuersichere Stromstärke in Ampere	3	4	6	8	11	17	23	33	42	55	71	89	106	125	147	178

Für oberirdisch verlegte Zinkleitungen gelten die nachstehend angegebenen zulässigen, feuersicheren Stromstärken (siehe Anhang 4 der Sicherheitsvorschriften des Wiener Elektrotechnischen Vereins).

Tabelle IV.

Normaler Leitungsquerschnitt in mm^2	1	1,5	2,5	4	6	10	16	25	35	50	70	95	120	150	185	240
Feuersichere Stromstärke in Ampere	4	6	8	12	16	23	33	45	60	75	100	125	145	175	210	245

In Erde verlegte Einfachkabel mit Zinkleiter können bis 600 Volt Betriebsspannung höher beansprucht werden, und zwar gilt für derartig verlegte Kabel

Tabelle V.

Normaler Leitungsquerschnitt in mm^2	4	6	10	16	25	35	50	70	95	120	150	185
Feuersichere Stromstärke in Ampere	30	40	50	70	90	110	135	180	205	240	270	305

Die in dieser Tabelle angegebenen Stromstärken dürfen im normalen Betriebe auf keinen Fall überschritten werden und gelten, solange nicht mehr als zwei Kabel dicht nebeneinander im gleichen Graben in der üblichen Verlegungstiefe liegen. Mittelleiter werden im Sinne dieser Vorschrift nicht als Kabel gerechnet.

Bei Wechselstom-Zwei- und Dreileiterkabel mit Zinkleitern können die in den Tabellen VI und VII angegeben Belastungen zugelassen werden.

Tabelle VI für Zweileiterkabel
(bis 3000 Volt).

Normaler Leitungsquerschnitt in mm²	4	6	10	16	25	35	2 × 50	70	95	120	150	185
Feuersichere Stromstärke in Ampere für jeden Leiter	22	30	40	50	70	85	105	130	155	175	200	230

Tabelle VII für Dreileiterkabel
(bis 3000 Volt).

Normaler Leitungsquerschnitt in mm²	4	6	10	16	25	35	3 × 50	70	95	120	150	185
Feuersichere Stromstärke in Ampere für jeden Leiter	20	25	35	45	60	70	90	110	130	150	175	200

Für oberirdisch verlegte Aluminiumleitungen ergeben sich folgende zulässige, feuersichere Stromstärken (siehe Anhang 6 der Sicherheitsvorschriften des W.E.V.).

Tabelle VIII.

Normaler Leitungsquerschnitt in mm²	1	1,5	2,5	4	6	10	16	25	35	50	70	95	120	150	185	240
Feuersichere Stromstärke in Ampere	6	8	12	18	25	35	50	70	90	120	150	190	230	270	310	400

In Erde verlegte Einfachkabel mit Aluminiumleiter können bis 600 Volt Betriebsspannung höher beansprucht werden und zwar gilt für derartig verlegte Kabel mit Aluminiumleitungen

Tabelle IX für Einfachkabel
(bis 600 Volt).

Normaler Leitungsquerschnitt in mm²	4	6	10	16	25	35	50	70	95	120	150	185
Feuersichere Stromstärke in Ampere	42	55	75	100	130	160	200	245	295	345	390	440

Die in dieser Tabelle angegebenen Stromstärken dürfen im normalen Betriebe auf keinen Fall überschritten werden und gelten, solange nicht mehr als zwei Kabel dicht nebeneinander im gleichen Graben in der üblichen Verlegungstiefe liegen. Mittelleiter werden im Sinne dieser Vorschrift nicht als Kabel gerechnet.

Bei Wechselstrom-, Zwei- und Dreileiterkabeln mit Aluminiumleitern können die in den Tabellen X und XI angegebenen Belastungen zugelassen werden.

Tabelle X für Zweileiterkabel
(bis 3000 Volt).

							2 ×					
Normaler Leitungsquerschnitt in mm²	4	6	10	16	25	35	50	70	95	120	150	185
Feuersichere Stromstärke in Ampere für jeden Leiter	32	41	55	75	95	115	145	175	210	240	275	310

Tabelle XI für Dreileiterkabel
(bis 3000 Volt).

							3 ×					
Normaler Leitungsquerschnitt in mm²	4	6	10	16	25	35	50	70	95	120	150	185
Feuersichere Stromstärke in Ampere für jeden Leiter	28	36	50	65	85	105	125	145	185	215	240	275

Hinsichtlich der zulässigen Erwärmung der Elektromotoren ist nicht nur auf die feuersichere Stromstärke der Leiter, sondern auch auf die zulässige Erwärmung der Isoliermaterialien Rücksicht zu nehmen. Auch treten bei Elektromotoren nicht nur die Stromwärme- oder Kupferverluste, sondern auch andere Verluste, wie die Eisenverluste und die Reibungsverluste auf, welche sich gleichfalls durch Wärmeerzeugung äußern. Von der durch sämtliche Verluste im Elektromotor erzeugten Wärmemenge muß ein entsprechend großer Teil abgeführt werden können, damit die zulässige Erwärmung des Motors nicht überschritten wird. Es muß daher zwischen der zur Wärmeabfuhr verfügbaren Motoroberfläche und den Verlusten ein entsprechendes Verhältnis bestehen. (Über künstlich gelüftete Motoren siehe später).

Die zulässige Temperaturzunahme bei im Betriebe befindlichen Elektromotoren, sowie die zulässigen Überlastungen finden sich in § 18 bis § 22 der »Normalien für Bewertung und Prüfung von elektrischen Maschinen« des Verbandes deutscher Elektrotechniker.

Die im Motor auftretenden Verluste haben zur Folge, daß demselben zwecks Deckung dieser Verluste eine größere Energiemenge zugeführt werden muß, als die von ihm mechanisch abgegebene Energie beträgt. Das Verhältnis der abgegebenen zur zugeführten Leistung nennt man Wirkungsgrad des Elektromotors.

Wir müssen nun die magnetischen Wirkungen des elektrischen Stromes betrachten. Bringt man in genügender Entfernung über einer Magnetnadel einen stromdurchflossenen Leiter an, so wird die Magnetnadel aus ihrer Richtung abgelenkt und zwar kann die Ablenkungsrichtung auf folgende Weise bestimmt werden. Hält man die rechte Hand mit der Innenfläche gegen die Magnetnadel und die Fingerspitzen in der Richtung des fließenden Stromes, so wird der Nordpol der Magnetnadel in der Richtung des Daumens abgelenkt; oder aber man wendet die Ampèresche Schwimmerregel an, welche lautet: »Schwimmt man mit dem Strome und sieht nach einer Magnetnadel, so erscheint der Nordpol der letzteren nach links abgelenkt.«

Auch zwei stromdurchflossene Leiter üben aufeinander eine Kraft aus und zwar ziehen parallele Stromleiter einander an, wenn sie von gleichgerichteten Strömungen durchflossen werden; hingegen stoßen sie einander ab, wenn die sie durchfließenden Ströme entgegengesetzt gerichtet sind.

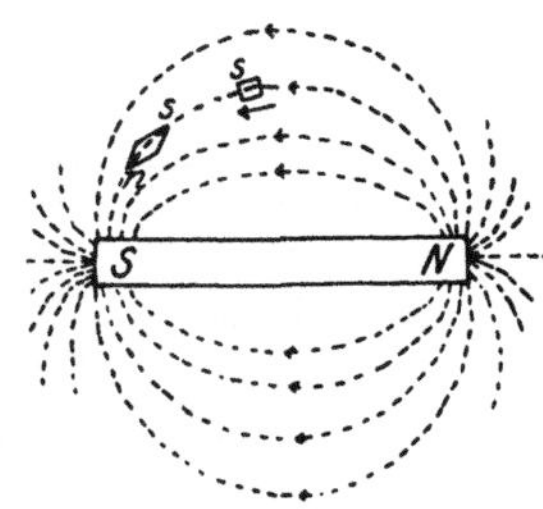

Abb. 1.

Als Grundlage für die Erklärung der elektromotorischen Wirkung ist die Wechselwirkung zwischen einem geraden Stromleiter und einem magnetischen homogenen Kraftfeld besonders wichtig. Unter einem magnetischen Kraftfeld versteht man die Umgebung eines Magneten, oder überhaupt jeden Ort, wo magnetische Wirkungen wie z. B. die Ablenkung einer Magnetnadel, bemerkbar sind. Die Richtung der magnetischen Kraft an verschiedenen Punkten des magnetischen Feldes ist zumeist verschieden; diese Richtung kann mit Hilfe einer Magnetnadel an jeder Stelle des magnetischen Feldes bestimmt werden.

Die Linien, welche den Kraftverlauf innerhalb des magnetischen Kraftfeldes angeben, heißen Kraftlinien. (Siehe Abb. 1.) Die Kraftlinie kann auch als die Bahn, welche ein frei beweglicher Nordpol im magnetischen Felde beschreibt, definiert werden. Die Anzahl der Kraftlinien pro cm² einer zu den Kraftlinien normalen Fläche nennt man die Feldstärke an der betreffenden Stelle. Wenn die Kraftlinien in einem Eisenkörper verlaufen, so nennt man die Anzahl der Kraftlinien pro cm² Eisenquerschnitt gewöhnlich die »Induktion«.

Sind die Kraftlinien eines Feldes alle zueinander parallel, so heißt das Feld ein homogenes. Ein solches ist durch Abb. 2 dargestellt.

Bringt man nun einen stromdurchflossenen Leiter in ein magnetisches Feld, so wird auf Ersteren eine Kraftwirkung ausgeübt. Die

Kraftrichtung, in welcher der Leiter im Felde getrieben wird, ergibt sich leicht wieder durch Anwendung der Ampèreschen Schwimmerregel: »Schwimmt man mit dem Strome und sieht nach dem Nordpol, von dem die Kraftlinien ausgehen, so wird der Leiter in Richtung der rechten Hand getrieben«. Die Kraftrichtung, in der der stromdurchflossene Leiter innerhalb des magnetischen Feldes getrieben wird, ermittelt sich auch leicht mit Hilfe der »Rechten Handregel zur Ermittlung der Bewegungsrichtung«, diese lautet: »Hält man den Zeigefinger in der Richtung des Stromes und den Mittelfinger in der Richtung der Kraftlinien, so gibt der Daumen die Richtung an, in welcher der Stromleiter getrieben wird.« (Siehe Abb. 3.)

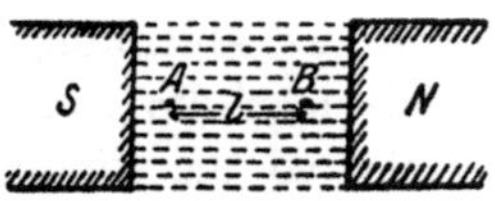

Abb. 2.

Wir können nicht umhin, auch auf die elektromotorische Kraft der Induktion hinzuweisen, welche die Erklärung für die Stromerzeugung in Dynamomaschinen bildet. Wird eine geschlossene

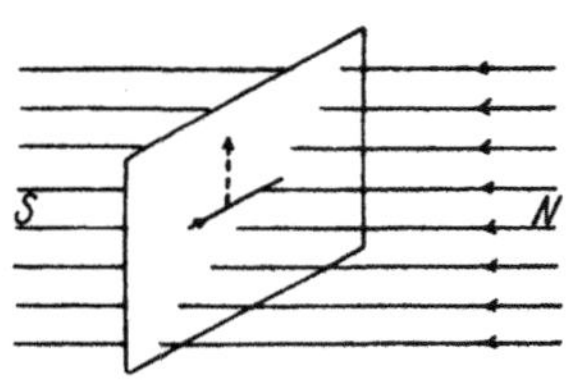

Abb. 3.

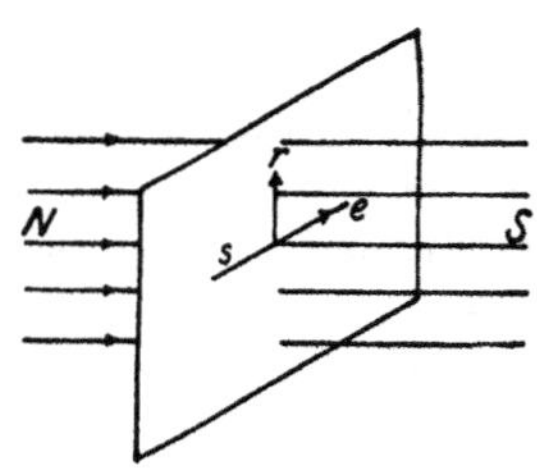

Abb. 4.

Leiterwindung von einem Kraftlinienfluß durchsetzt und ändert sich die Stärke dieses Kraftlinienflusses, so wird in der Windung eine elektromotorische Kraft erzeugt, welche um so größer ist je größer die Änderungsgeschwindigkeit der durch die Windungsfläche tretenden Kraftlinienzahl ist.

Diese Induktionserscheinung kann auch anders dargestellt werden. Erfolgt entsprechend Abb. 4 die Bewegung eines Leiters in einem magnetischen Felde, so wird in dem Leiter eine elektromotorische Kraft erzeugt; diese ergibt sich nach der »Faradayschen Schwimmerregel«. »Schwimmt man in der Richtung der Kraftlinien und sieht nach der Bewegungsrichtung des Leiters, so wirkt die induzierte elektromotorische Kraft nach rechts.« In Abb. 4 stellt *s* den Leiter, *e* die Richtung der induzierten elektromotorischen Kraft, *r* die Richtung der Leiterbewegung dar. Am besten läßt sich die Richtung der induzierten elektromotorischen Kraft, also auch die Richtung des durch diese induzierte elektromotorische Kraft hervorgerufenen Stromes durch die sogenannte »Dreifingerregel der rechten Hand zur Ermittlung der

Induktion« bestimmen. Bringt man die drei ersten Finger der rechten Hand in rechtwinkelige Lage zueinander und hält den Daumen in die Richtung der Bewegung des Leiters, den Zeigefinger in die Richtung der Kraftlinien, so gibt der dritte Finger die Richtung der induzierten elektromotorischen Kraft, bzw. des von ihr hervorgerufenen Stromes an. Wir haben bis jetzt die Wirkungen eines magnetischen Kraftfeldes auf einen stromdurchflossenen Leiter, bzw. auf eine Magnetnadel erörtert. Wir müssen nun einiges über den Magnetismus, bzw. Elektromagnetismus selbst und seine Verwertung zur Erzeugung elektrischer Energie (Dynamomaschinen), bzw. zur Verrichtung mechanischer Leistungen (Elektromotoren) bemerken.

Der Elektromagnetismus ist eine seit der Erfindung des Telegraphen bereits praktisch verwertete Naturerscheinung, die darin besteht, daß ein nicht magnetischer Eisenstab, der mit Drahtwindungen umgeben ist, sich in einen Magneten (Elektromagneten) verwandelt, solange man durch diesen Draht elektrischen Strom hindurchsendet. Er erhält dann hierdurch die bekannte Eigenschaft eines natürlichen Magneten an seinen beiden Enden, die man Pole nennt, gegen einen in der Nähe befindlichen Metallstab anziehende und abstoßende Kräfte auszuüben und letzteren mit einer gewissen Kraftäußerung in eine kreisbogenförmige, drehende Bewegung zu versetzen, sobald dieser benachbarte Metallstab, wie z. B. eine Magnetnadel um ein fixes Zentrum drehbar ist. Verteilt man eine Anzahl kräftig wirkender Magnetkerne längs des äußeren Umfanges eines zylindrischen oder ringförmigen, um eine fixe Achse drehbaren Eisenkörpers, welcher mit Leitungsdraht bewickelt ist und läßt durch diese Bewicklung elektrischen Strom fließen, so wird dieser Eisenkern, der bei elektrischen Maschinen im allgemeinen Anker oder Rotor heißt, infolge der Einwirkung der vorerwähnten, fix angebrachten Magnetkerne in eine drehende Bewegung um seine eigene feste Achse versetzt. Den Teil der elektrischen Maschine, welche den Rotor ringförmig umgibt und die Magnetkerne trägt, also feststeht, nennt man gewöhnlich den Stator oder Ständer.

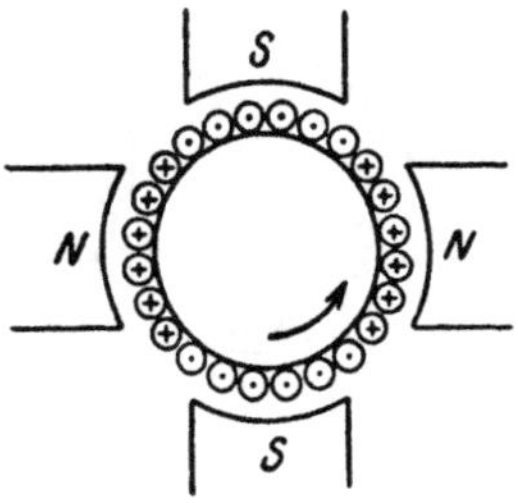

Abb. 5.

Die Drehrichtung des Rotors kann sehr einfach bestimmt werden, wenn man auf die durch Abb. 5 dargestellte Einrichtung die früher erwähnte Ampèresche Schwimmerregel anwendet: die Drehrichtung des Ankers ergibt sich dann in der Richtung des eingezeichneten Pfeiles. Hierbei bedeutet der in den Ankerleitern eingezeichnete Punkt, daß der Leiterstrom von vorne gesehen aus der Zeichenebene heraustritt, das Kreuz, daß der Leiterstrom von vorne gesehen in die Zeichenebene eintritt. Nimmt man an, daß, wie beim Gleichstrommotor, Strom und Spannung gleich gerichtet sind, so gibt die Richtung der Ströme in den Ankerleitern gleichzeitig auch die Richtung der dem Motor aufgedrückten Spannung, d. i. seine Klemmenspannung. Betrachtet man die Drehachse des vorerwähnten Rotors als Triebachse oder Ankerachse des elektrischen Motors, so kann von derselben jede mit ihr entweder direkt, oder durch Transmission verbundene Arbeitsmaschine betrieben, d. h. nützliche Arbeit verrichtet werden ebenso wie durch die Triebachse einer Dampfmaschine oder eines sonstigen Motors.

Durch Umkehrung der Richtung des die Elektromagnete durchfließenden Stromes, kann auch die Bewegungsrichtung der Triebachse, daher auch die jeder damit betriebenen Arbeitsmaschine umgekehrt oder reversiert werden.

Treibt man andererseits den Anker in Richtung des Pfeiles, Abb. 6, von außen aus an, so ergeben sich in den einzelnen Ankerleitern elektromotorische Kräfte von den eingezeichneten Richtungen. Dies gibt die Erklärung für die Stromerzeugung in Dynamomaschinen, bzw. elektrischen Generatoren; diese elektromotorische Kraft wird aber auch bei der Drehung des durch Kraftwirkung zwischen Ankerleiter und Magnetfeld in Bewegung gehaltenen Motorankers, in den Ankerleitern des letzteren induziert; wie man sieht ist diese elektromotorische Kraft der dem Motor aufgedrückten Klemmenspannung entgegengesetzt gerichtet. Wir bezeichnen daher die bei der Drehung des Motorankers in den Ankerleitern induzierte elektromotorisehe Kraft als gegenelektromotorische Kraft. Der Strom wird durch die Spannungsdifferenz zwischen Klemmenspannung und gegenelektromotorischer Kraft erzeugt. Unter Berücksichtigung des Ohmschen Gesetzes kann diese Spannungsdifferenz dargestellt werden als $V = J \cdot R$, in welcher Gleichung V die Spannungsdifferenz, J den Ankerstrom, R den gesamten Leitungswiderstand des Ankers bedeutet. Beim Motor ist die Klemmenspannung größer als die elektromotorische Kraft, da ja der Strom aus dem Netz in den Motor hineingedrückt werden muß. Bei der Dynamomaschine hingegen muß der im Dynamoanker erzeugte Strom aus dem Anker in das Netz hinausgedrückt werden, so daß die in diesem Anker erzeugte elektromotorische Kraft größer ist als die Klemmenspannung der Dynamomaschine. Die Spannungsdifferenz V nennt man allgemein den Ohmschen Spannungsverlust der Maschine.

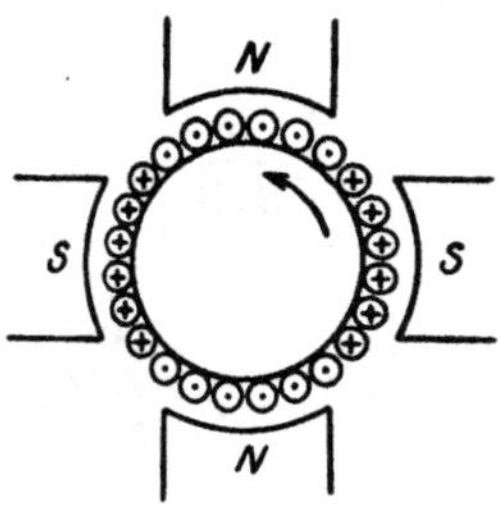

Abb. 6.

Es sollen nun einige für elektrische Maschinen wichtige Bezeichnungen festgelegt werden. Anker oder Rotor heißt, wie bereits erwähnt, der um eine fixe Achse rotierende Teil der elektrischen Maschine.

Der Stator oder Ständer ist der feststehende Teil der elektrischen Maschine.

Die Feldmagnete sind die Elektromagnete, in deren magnetischem Wirkungskreise (Felde) die elektrischen Ströme induziert werden (Dynamomaschine) oder aber der mit stromdurchflossenen Leitern bewickelte Anker getrieben wird (Elektromotor).

Isolatoren oder schlechte Leiter sind jene Körper, die sehr großen Leitungswiderstand besitzen, z. B. Glas, Porzellan, Holz, Baumwolle, Papier, Glimmer, Gummi; isoliert sein heißt durch Zwischenlage von Isolatoren gegen Stromverlust geschützt sein; das Gegenteil von isoliert sein heißt Kontakt haben.

Das Voltmeter ist ein Apparat, in welchem die Höhe der jeweiligen Spannung, das Amperemeter ein solcher, in welchem die Höhe der jeweiligen Stromstärke angezeigt wird.

Kurzschluß nennt man jene Erscheinung, bei welcher der elektrische Strom den ihm durch die Leitungsführung vorgeschriebenen Weg verläßt und auf dem kürzesten Wege seinen Kreislauf vollendet; dies geschieht z. B. bei Zerstörung des Isoliermittels zwischen den einzelnen nebeneinander gewickelten Drähten der Spulen. Erdschluß ist nichts anderes, als ein Kurzschluß, bei welchem der Stromübergang zwischen Leiter und Erde erfolgt; ein Erdschluß wird also beispielsweise auftreten, wenn die Isolierung des Leiters gegen Erde aus irgendwelchen Gründen schadhaft geworden ist. Ein wesentlicher Unterschied zwischen Kurzschlußstrom und Erdschlußstrom besteht allerdings bei ausgedehnten Hochspannungs-Fernleitungen und -Kabelleitungen. Auf die sich hier ergebenden Verhältnisse kann jedoch mit Rücksicht auf den Gegenstand und den Umfang dieses Buches nicht näher eingegangen werden.

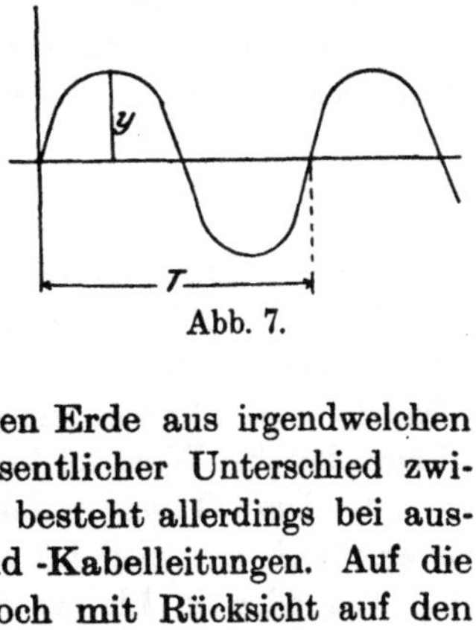

Abb. 7.

Gleichstrom ist ein elektrischer Strom, der seine Richtung dauernd beibehält. Wechselstrom ist ein elektrischer Strom, der seine Richtung stets wechselt (siehe Abb. 7). Der durch Induktion infolge der Vorbeibewegung unter Magnetpolen entstehende Strom ist ein Wechselstrom; wenn man sich vorstellt, daß auf jeden Nordpol abwechselnd ein Südpol folgt. Wie aus Abb. 7 hervorgeht, schwankt die Stromstärke beim Wechselstrom zwischen Null und einem Maximum. Die in Abb. 7 dargestellte Linie nennt man eine Sinuslinie; verläuft der

Strom und die Spannung zeitlich nach einer derartigen Linie, so nennt man diesen Verlauf einen sinusförmigen. Die Anzahl der Richtungswechsel des Wechselstroms pro Sekunde nennt man die Polwechselzahl pro Sekunde oder die Frequenz; die Frequenz wird in Perioden pro Sekunde ausgedrückt; eine Periode ist die Zeitdauer, innerhalb welcher sich der gleiche Stromwechselvorgang wiederholt. In Abb. 7 ist eine Periode durch die Zeit T dargestellt. Die in der Praxis am häufigsten vorkommenden Periodenzahlen sind 50, 48 und 42 Perioden pro Sekunde, für Bahnzwecke vielfach auch $16^2/_3$ Per. p. Sek.

Beim Wechselstrom unterscheidet man den Maximalwert J_{max} und den Effektivwert J_{eff}.

Zwischen Effektivwert J_{eff} und Maximalwert J_{max} besteht bei sogenanntem sinusförmigem Verlauf der Stromkurve die Beziehung

$$J_{eff} = \frac{J_{max}}{\sqrt{2}} = \frac{J_{max}}{1 \cdot 4142}.$$

Der Effektivwert des Wechselstromes ist derjenige Wert, den ein Gleichstrom haben muß, um während derselben Zeit T dieselbe Wärmewirkung in ein und demselben Leiter zu erzeugen, wie der Wechselstrom. Da bei Wechselstrom sowohl Strom als auch Spannung periodisch veränderlich verlaufen, gibt es auch einen Effektivwert der Spannung; dieser beträgt

$$E_{eff} = \frac{E}{\sqrt{2}}.$$

Die Leistung bei Gleichstrom kann, wie bereits früher erwähnt, durch das Produkt $J \cdot E$ dargestellt werden; bei Wechselstrom besteht jedoch als Folge von sogenannter »induktiver Belastung« zwischen Spannung und Strom eine zeitliche »Phasenverschiebung«, welche bedingt, daß bei Wechselstrom das Produkt $J \cdot E$ noch mit einem Faktor C_φ dem »Leistungsfaktor« zu multiplizieren ist; dieser Faktor bewegt sich zumeist in den Grenzen von 0,7 bis etwa 1 und wird um so größer, je kleiner die Phasenverschiebung zwischen Strom und Spannung ist. Der Begriff der Phasenverschiebung beim Wechselstrom ist ein so wichtiger, daß hierüber noch einiges gesagt werden soll. Man kann den Strom und die Spannung so darstellen, daß deren zeitlicher Verlauf in einem rechtwinkligen Koordinatensystem durch die in Abb. 7 eingetragene Sinuslinie gegeben ist. Wendet man die Gradeinteilung an, so kann eine Periode, das ist die Zeitdauer, innerhalb welcher sich der gleiche Strom- bzw. Spannungswechselvorgang wiederholt, mit 360° bezeichnet werden. Haben die Strom- und die Spannungslinie zu gleichen Zeiten ihre positiven und negativen Maximalwerte, so sind sie »in Phase«, d. h. sie haben keinen Phasenunterschied.

Sind jedoch die beiden Maximalwerte gegeneinander verschoben — wie z. B. in Abb. 10 um $^1/_4$ Periode — so nennt man Strom und Spannung gegeneinander »phasenverschoben«; in Abb. 10 beträgt diese Phasenverschiebung, wie bereits erwähnt, $^1/_4$ Periode oder 90°. Eine Phasenverschiebung von etwa 90° zwischen Strom und Spannung und zwar eine dem Strome um etwa 90° voreilende Spannung (siehe Abb. 10a) ergibt sich immer, wenn eine Wechselstromquelle auf induktive, d. h. mit Selbstinduktion behaftete Verbrauchsapparate, wie z. B. eine Drosselspule arbeitet (siehe Abb. 10b).

In Abb. 10 ist die Spannung dem Strome um 90° nacheilend. Den Wert von etwa 1, also den größten Wert, erreicht der Leistungsfaktor bei sogenannter »induktionsloser Belastung«, welche beispielsweise vorliegt, wenn an das Netz nur Glühlampen angeschlossen sind.

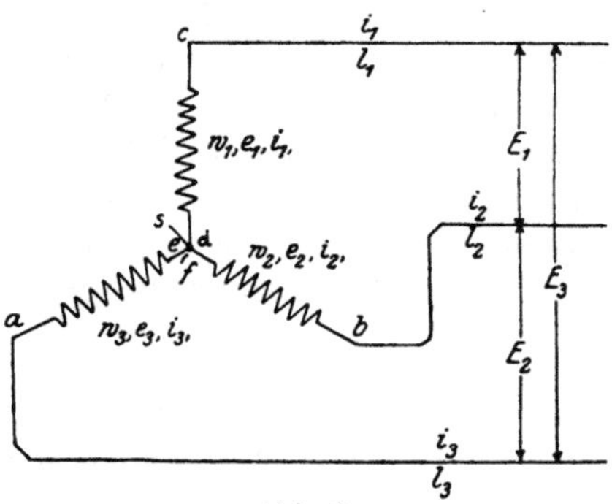

Abb. 8.

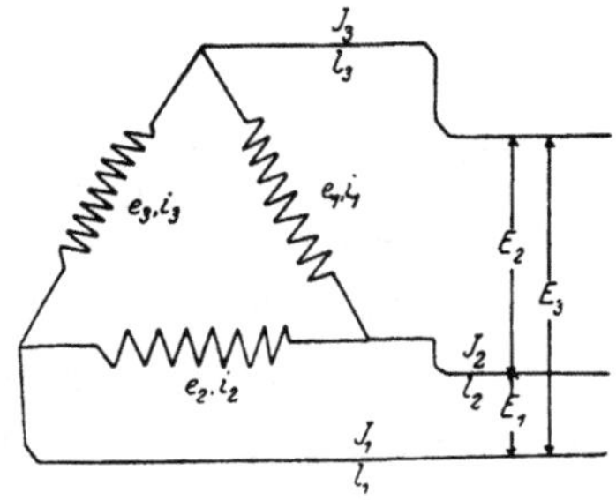

Abb. 9.

Einen sehr kleinen Leistungsfaktor hat ein Leitungsnetz, an welches viele große, langsam laufende und eventuell auch noch schwach belastete Asynchronmotoren angeschlossen sind. Der Leistungsfaktor kann in solchen Fällen bis auf 0,6 eventuell 0,5 sinken. Die Leistung bei einphasigem Wechselstrom kann also dargestellt werden durch das Produkt $J_{eff} \cdot E_{eff} \cdot C_{\varphi}$.

Außer dem einphasigen Wechselstrom gibt es noch Zweiphasenstrom, Dreiphasen- oder Drehstrom und Wechselstrom mit noch mehr Phasen. Von besonderer Wichtigkeit ist der Dreiphasen- oder Drehstrom. Bei diesem unterscheidet man der Hauptsache nach Sternschaltung und Dreieckschaltung. Die Sternschaltung ist durch Abb. 8 dargestellt. w_1, w_2 und w_3 sollen beispielsweise drei gleiche Teile einer Maschinenbewicklung sein; die Sternschaltung entsteht, wenn man die drei Enden *d*, *e* und *f* der drei Wicklungsteile zu einem gemeinsamen Sternpunkt *S* zusammenlegt. Die Spannung jeder Wicklung heißt die »Phasenspannung«; je zwei Wicklungsteile, z. B. w_1 und w_2, bzw. w_2 und w_3, bzw. w_1 und w_3 vereinigen ihre Phasenspannungen e_1, e_2

und e_3 zu den drei »verketteten Spannungen« E_1, E_2 und E_3, welche zwischen den einzelnen abgehenden Leitungen l_1, l_2 und l_3 auftreten; die in den Leitungen fließenden Ströme i_1, i_2 und i_3 sind gleich den in den einzelnen drei Wicklungsteilen fließenden »Phasenströmen«.

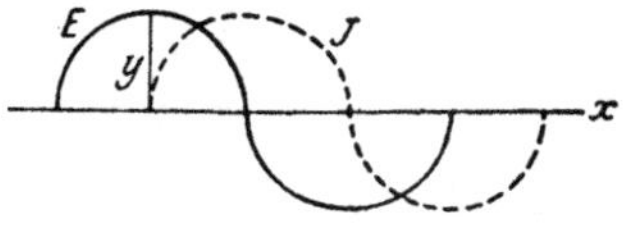

Abb. 10.

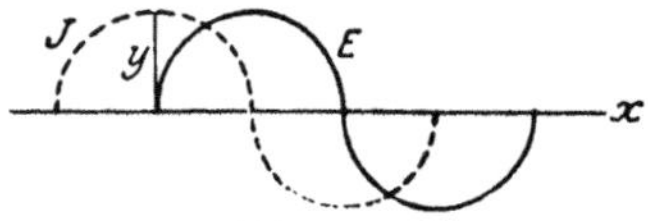

Abb. 10a.

Bei der Dreieckschaltung Abb. 9 hingegen sind die Spannungen E_1, E_2 und E_3 zwischen den drei Leitungen l_1, l_2 und l_3 gleich den Phasenspannungen e_1, e_2 und e_3, während sich die Phasenströme i_1, i_2 und i_3 zu den in den Leitungen l_1, l_2 und l_3 fließenden Außenströme J_1, J_2 und J_3 zusammensetzen. Beim Drehstrom sind die drei Phasenspannungen und die drei Phasenströme gleich und daher die verketteten Spannungen bei Sternschaltung, bzw. zusammengesetzten Ströme bei Dreieckschaltung gleich. Die verkettete Spannung bei Sternschaltung ist gleich der Phasenspannung mal $\sqrt{3}$, also

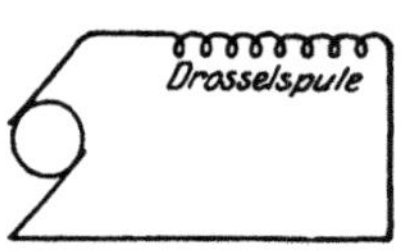

Abb. 10b.

$$E_1 = E_2 = E_3 = E = e_1\sqrt{3} = e_2\sqrt{3} = e_3\sqrt{3} = e\sqrt{3};\text{[1]}$$

der Außenstrom bei Dreieckschaltung ist gleich dem Phasenstrom mal $\sqrt{3}$; also

$$J_1 = J_2 = J_3 = J = i_1\sqrt{3} = i_2\sqrt{3} = i_3\sqrt{3} = i\sqrt{3}.\text{[1]}$$

Die Leistung des aus drei Leitungen bestehenden Drehstromsystems ist gleich der zwischen zwei Leitungen herrschenden verketteten Spannung mal dem in einer Leitung fließenden Strome mal $\sqrt{3}$ mal dem Leitungsfaktor, welcher, wie bereits erwähnt, zumeist 0,7 bis etwa 1 beträgt. Die Leistung wird also dargestellt durch das Produkt

$$E \cdot J\sqrt{3} \cdot C_{\varphi}$$

wobei unter E und J die Effektivwerte E_{eff} und J_{eff} zu verstehen sind.

Die Selbstinduktion.

Ändert sich in einem geraden Leiter der Strom innerhalb einiger Sekunden bzw. Bruchteilen von Sekunden um einen gewissen Betrag, so ändert sich auch das den Leiter umgehende Kraftfeld um eine gewisse Anzahl von Kraftlinien. Durch diese Kraftlinienänderung

[1]) Die drei Phasenströme und Phasenspannungen, daher auch die zusammengesetzten Ströme und verketteten Spannungen sind bei gleichmäßiger Belastung der drei Phasen gleich.

wird aber nach dem Induktionsgesetz eine elektromotorische Kraft in dem Leiter erzeugt; nachdem diese elektromotorische Kraft im gleichen Leiter induziert wird, dessen Strom das Kraftlinienfeld geschaffen hat, nennt man sie elektromotorische Kraft der Selbstinduktion E_S. Sie ist um so größer, je größer die Stromänderung und je kleiner die Zeit ist, in welcher diese Stromänderung erfolgt; die stärkste Stromänderung ist naturgemäß eine Stromunterbrechung; erfolgt die Stromänderung bzw. Stromunterbrechung in einer Spule, so ist die elektromotorische Kraft der Selbstinduktion um so größer, je mehr Windungen die Spule enthält.

Die elektromotorische Kraft der Selbstinduktion ist der Stromänderungsrichtung entgegen gerichtet, wird also z. B. ein Stromkreis, der eine Spule mit vielen Windungen enthält, unterbrochen, so zeigt sich an den Kontakten des Unterbrechungsschalters ein starker Funken, welcher eben daher rührt, daß die elektromotorische Kraft der Selbstinduktion der Stromänderung entgegen wirkt und den auf Null sinkenden Strom zu erhalten trachtet.

III. Die Arten der Elektromotoren.

Die Elektromotoren können in zwei große Hauptgruppen eingeteilt werden und zwar in Gleichstrom- und Phasenmaschinen, deren wichtigste die Drehstrom- und Wechselstrommaschinen sind; als separate Gruppe können noch die Einanker-Umformer oder Konverter angeführt werden.

IV. Gleichstrommotoren.

Wenn sich der Anker einer Gleichstrommaschine in einem zweipoligen Feld einmal umdreht, kommt eine Ankerspule zweimal in einen Teil des Feldes, in welchem sie keine Kraftlinien schneidet; in Abb. 11 sind diese Stellen mit m und n bezeichnet; die Verbindungslinie dieser beiden Punkte nennt man die neutrale Linie. Dreht sich die Spule vor dem Südpol entgegen dem Uhrzeigersinn vorbei, so entsteht in den Spulenwindungen am äußeren Ankerumfange eine elektromotorische Kraft von vorne nach hinten; dies kann man nach der Dreifingerregel leicht ermitteln. Diese

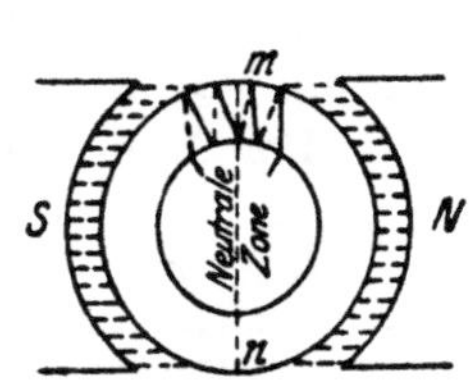

Abb. 11.

Richtung ist in den Umfangsdrähten in Abb. 12 eingezeichnet. Gelangt jetzt die Ankerspule unter einen Nordpol, so ist die Richtung der in der Spule induzierten elektromotorischen Kraft entgegengesetzt. Die elektromotorische Kraft einer Dynamo, bzw. die elektromotorische

Gegenkraft eines Elektromotors ist also keine Gleichstrom-, sondern eine Wechselstromspannung. (Siehe Abb. 13.)

Um an den Bürsten der Dynamomaschine Gleichstrom abnehmen zu können, muß der in den einzelnen Spulen induzierte Wechselstrom erst gleichgerichtet werden; dies kann auf folgende Weise geschehen.

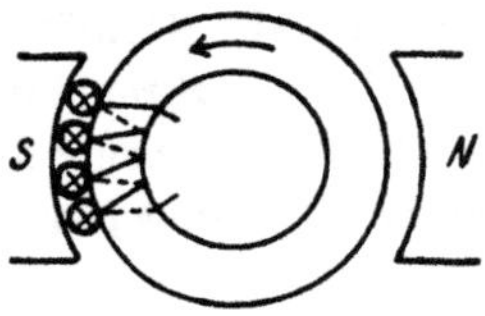

Abb. 12.

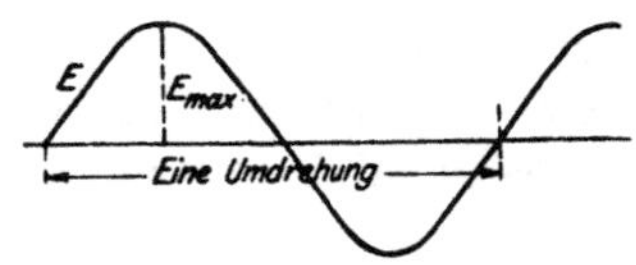

Abb. 13.

Man bringt am Anker einen mit diesem rotierenden Schleifring an und zerlegt den letzteren in zwei voneinander isolierte Halbringe. Auf dem Schleifring läßt man 2 Bürsten schleifen und zwar bringt man dieselben so an, daß sie sich diametral gegenüberstehen und in dem Momente die Isolierstelle zwischen den beiden Halbringen des

Abb. 14.

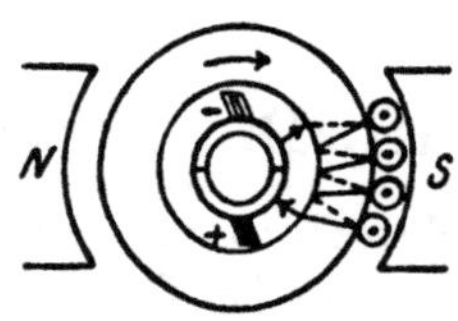

Abb. 15.

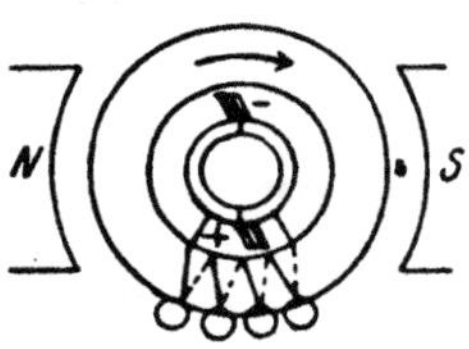

Abb. 16.

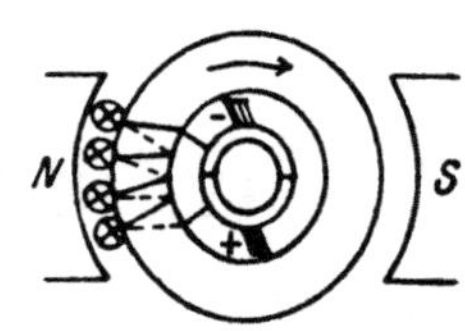

Abb. 17.

Schleifringes passieren, wenn die Spule sich in der neutralen Zone befindet, also in der Spule keine elektromotorische Kraft induziert wird. Der Strom fließt dann immer in derselben Richtung aus einer Bürste heraus und zur anderen Bürste zurück. (Siehe Abb. 14—17.) Hierbei äußert sich jedoch die Stärke der induzierten elektromotorischen Kraft und damit die des Stromes, entsprechend der während der Rotation (für eine Spule) sich ändernden Feldstärke. (Siehe Abb. 18.)

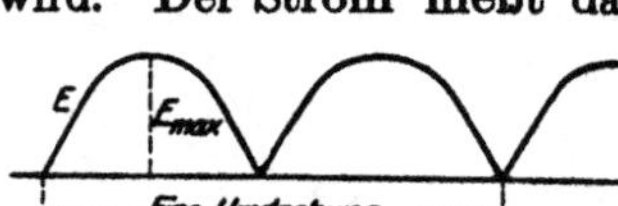

Abb. 18.

Für die meisten in der Praxis vorkommenden Fälle ist ein solcher schwankender Strom nicht brauchbar.

Diese Schwankungen lassen sich ganz bedeutend vermindern, wenn man den Anker mit einer größeren Spulenzahl ausstattet und den Schleifring in so viele voneinander isolierte Teile zerlegt, als am Anker Spulen vorhanden sind. (Siehe Abb. 19.)

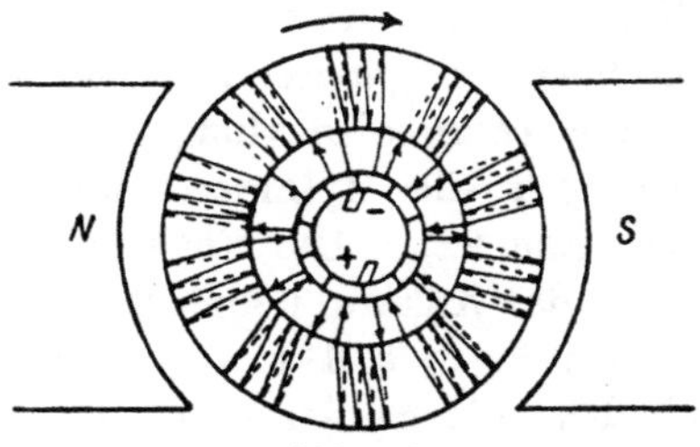

Abb. 19.

Je mehr Spulen man am Anker anordnet, desto größer wird die Anzahl der Schwankungen, aber desto geringer — und das ist das wichtige — wird die Größe jeder einzelnen Schwankung. Abb. 20 zeigt den Verlauf der gleichgerichteten elektromotorischen Kraft bei 10 Spulen am Anker.

Sinngemäß gilt das vorstehende auch für einen mit Gleichstrom gespeisten Elektromotor, dem dieser Gleichstrom über die Bürsten zugeführt wird und dessen, durch Rotation erzeugte gegenelektromotorische Kraft mit Hilfe des Kommutators in eine gleichstromelektromotorische Kraft gewendet wird.

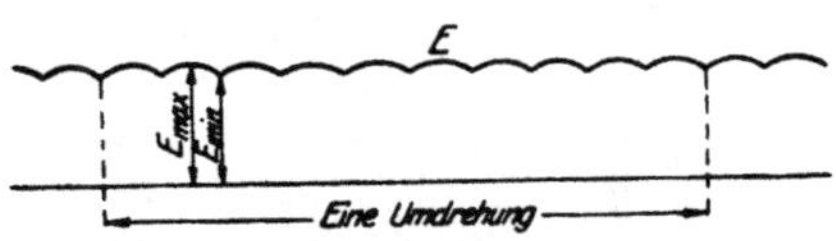

Abb. 20.

Bei Dynamomaschinen und Elektromotoren nennt man den in einzelne, voneinander isolierte Teile zerlegten Schleifring den Kommutator oder Kollektor; über Wechselstrom- und Drehstromkollektormaschinen wird später noch einiges erwähnt.

Der Kollektor besteht in der Praxis aus einzelnen Kupfersegmenten oder Lamellen, die gegeneinander durch nichtleitende Glimmereinlagen isoliert sind. Die einzelnen Lamellen haben schwalbenschwanzförmige Ansätze und werden auf eine Büchse so aufgesetzt, daß sie untereinander und gegen die Büchse gut isoliert sind.

Jede einzelne Kommutatorlamelle wird mit der zugehörigen Spule mittels der »Kommutatorfahne durch Lötung verbunden. Abb. 21 zeigt den Schnitt durch einen Kommutator.

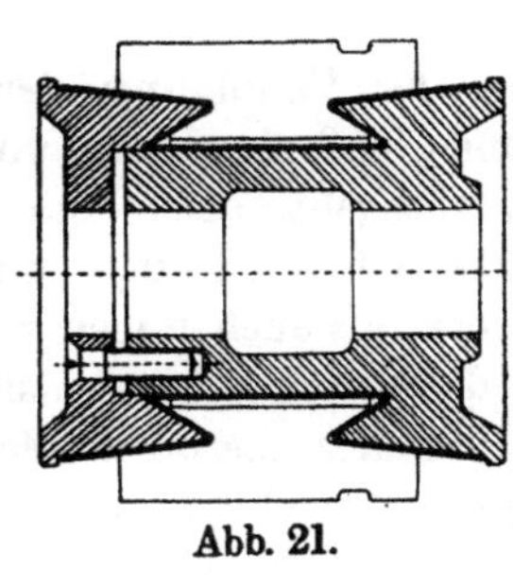
Abb. 21.

Wir müssen nun einiges über die Wicklungen der Gleichstrommaschinen erwähnen. Die alten Doppel-*T* und Ringanker, welche bei den ersten elektrischen Maschinen angewendet wurden, haben heute keine Bedeutung mehr. Die heute meist angewendete Wicklung für Gleichstrommaschinen ist die Trommelwicklung; bei dieser werden die einzelnen Drähte oder Spulenseiten nur auf der äußeren Mantelfläche des Ankers angebracht, während sich bei der alten Ringwicklung die Drähte an der Innen- und Außenseite des Ringes befinden. Bei der Ringwicklung umschließt eine Windung den halben, bei der Trommelwicklung den ganzen Kraftfluß eines Poles.

Die Trommelwicklung kann am besten dargestellt werden, wenn man sich die Zylindermantelfläche des Ankers abgewickelt denkt (siehe Abb. 22). Die Entfernung zwischen zwei benachbarten Spulenseiten des Ankers nennt man die Stabteilung τ_s; bei den folgenden Betrachtungen soll $\tau_s = 1$ cm gesetzt werden; die Strecke y_1 nennen wir dann die Spulenweite oder den ersten Teilschritt; die Strecke y_2 den Schaltschritt oder zweiten Teilschritt; die Strecke y den resultierenden Schritt; die Schritte y_1 und y_2 sind in Stabteilungen ausgedrückt zu denken.

Der Wicklungszug *ACDEFG* in Abb. 22 heißt ein Wicklungselement. Der resultierende Schritt y ist als Strecke identisch mit der am Ankerumfang gemessenen Entfernung der Kollektorlamellen, welche am gleichen Wicklungselemente hängen und kann auch Kollektorschritt y_k genannt werden; da jedoch der Kollektorschritt immer in Kommutatorsegmentteilungen ausgedrückt wird und die Kommutatorsegmentteilung doppelt so groß ist als die Stabteilung, so wird y_k numerisch gleich $\frac{y}{2}$.

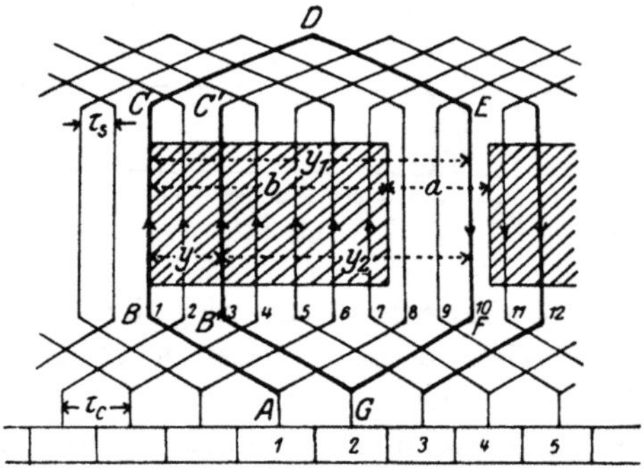

Abb. 22.

Bei Verfolgung der durch Abb. 22 dargestellten Wicklung sieht man, daß sie unten von links nach rechts fortschreitet, oben hingegen zurückgeht, also eine Schleife bildet, weshalb man diese Wicklung »Schleifenwicklung« nennt. Eine andere Wicklung, welche sowohl oben, als auch unten von links nach rechts fortschreitet, ist die Wellen- oder Serienwicklung (siehe Abb. 23).

Außer diesen beiden kommt auch häufig die Arnoldsche Serienparallelwicklung vor.

Die Schleifenwicklung wird am meisten für große Maschinen und für mittlere Maschinen mit niederer Spannung verwendet. Die Serienwicklung für fast alle kleinen und für mittlere Maschinen höherer Spannung. Die Serienparallelwirkung für mittlere und auch für große Maschinen.

Die Maschinen für größere Leistungen haben zumeist nicht ein einziges Polpaar, sondern deren mehrere, sind also sogenannte mehrpolige Maschinen.

Die Grundzüge der Wicklungstheorie, wie sie in der Praxis beim Entwurf von Wicklungen gebraucht werden, können in folgende Hauptpunkte zusammengefaßt werden.

1. Die Stabzahl s (Zahl der Spulenseiten) muß eine gerade Zahl sein.
2. Der resultierende Schritt $y = y_1 + y_2$ muß eine gerade Zahl sein.

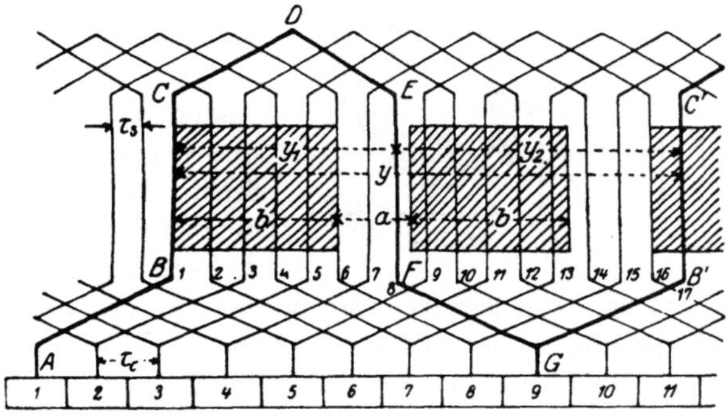

Abb. 23.

3. Die Teilschritte y_1 und y_2 müssen bei einer einfach geschlossenen oder einzügigen Wicklung ungerade Zahlen sein.
4. Soll die Wicklung einfach geschlossen sein, so müssen $\frac{y}{2}$ und $\frac{s}{2}$ teilerfremd sein.

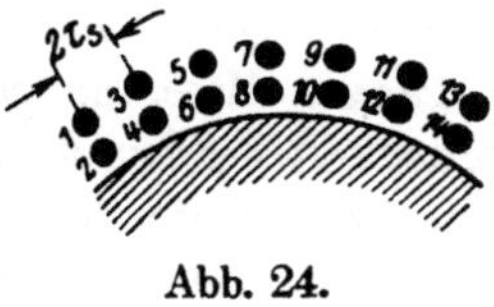

Abb. 24.

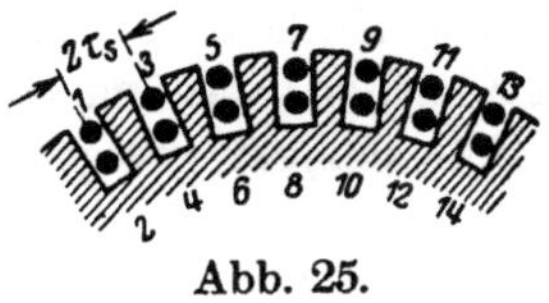

Abb. 25.

Bei allen neueren Maschinen werden die Wicklungen in Nuten untergebracht und zwar wird diese Wicklung als sogenannte Zweischichtenwicklung in die Nuten verlegt (siehe Abb. 24 und 25), so daß man in jeder Nut obere und untere Stäbe erhält.

Einteilung der Gleichstrommotoren.

Die Gleichstrommotoren werden in Serien- oder Hauptstrommotoren, in Nebenschlußmotoren und in Doppelschlußmotoren eingeteilt.

a) **Der Hauptstrommotor.** Beim Hauptstrommotor wird die Bewicklung der Magnete vom Ankerstrom durchflossen; Feldmagnetbewicklung und Ankerbewicklung sind also hintereinander geschaltet (siehe Abb. 26 und 27), welche Abbildungen diesen Stromkreis schematisch darstellen.

Die Hauptstrommaschine läuft ohne Änderung der Schaltung als Generator entgegengesetzt wie als Motor.

Wenn der Hauptstrommotor, wie dies zumeist der Fall ist, an ein Netz mit konstanter Spannung angeschlossen ist, so ändert sich die Umdrehungszahl sehr stark mit der Belastung. Ist die Belastung sehr hoch, so ist auch der vom Motor aufgenommene Ankerstrom ein sehr hoher; dieser starke Strom durchfließt aber auch die Feldmagnetwicklung und erzeugt dadurch ein so starkes Feld, daß bereits bei einer niedrigeren Motordrehzahl die der Klemmenspannung entsprechende gegenelektromotorische Kraft erzeugt wird. Ist hingegen die Belastung gering, so wird auch wegen des schwachen vom Motor aufgenommenen Stromes das Feld gering und die Tourenzahl des Motors muß daher zwecks Erreichung der erforderlichen gegenelektromotorischen Kraft steigen. Der Hauptstrommotor läuft also bei starker Belastung langsamer, bei schwacher Belastung rascher und zwar um so rascher, je schwächer die Belastung ist; er kann also auch bei plötzlicher Entlastung durchgehen, was wegen der Möglichkeit einer mechanischen Zertrümmerung der ganzen Maschine gefährliche Folgen in sich schließt. Wegen der Möglichkeit des Durchgehens soll der Hauptstrommotor nach Tunlichkeit nicht mit Riemen-Antrieb versehen werden, weil der Riemen abfallen kann und dadurch der Motor plötzlich entlastet würde; im allgemeinen ist es ratsam, Hauptstrommotoren, falls sie nicht, wie bei Straßenbahnwagen, ständig genügend belastet sind, durch selbsttätige Ausschalter, die bei Erreichung einer bestimmten Tourenzahl den Motor abschalten, zu schützen.

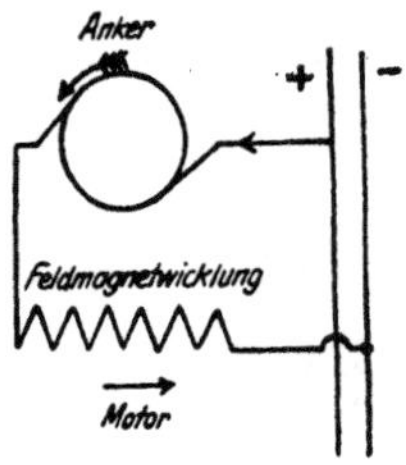

Abb. 26.

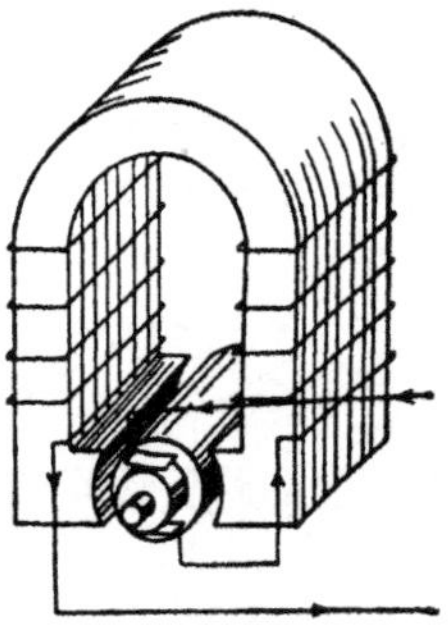
Abb. 27.

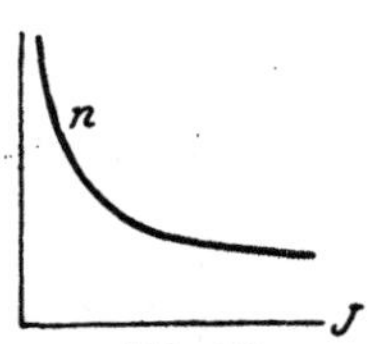

Abb. 28.

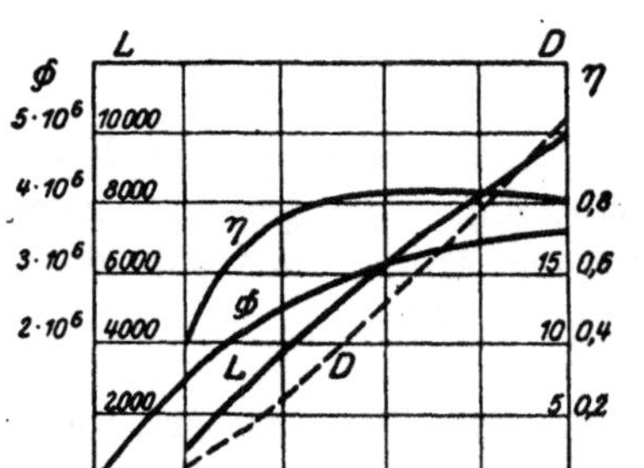

Abb. 29.

Abb. 28 zeigt die Abhängigkeit der Tourenzahl eines Haupstrommotors von der Stromstärke, d. h. von der Belastung. Aus dieser Abbildung kann man ersehen, daß der Hauptstrommotor eine »elastische

Charakteristik« besitzt, d. h. daß sich seine Umdrehungszahl dem Drehmoment selbsttätig anpaßt. Dieser letztere Umstand läßt den Hauptstrommotor für Verwendung im Bahn- und Hebezeugbetrieb sehr zweckmäßig erscheinen. Abb. 29 zeigt die Abhängigkeit des Kraftflusses, der Nutzleistung, des nutzbaren Drehmomentes und des Wirkungsgrades eines Hauptstrommotors von seiner Stromstärke, bzw. Belastung, und zwar bedeutet

Φ den Kraftfluß
L die Nutzleistung
D das nutzbare Drehmoment
η den Wirkungsgrad.

Der Serienmotor hat auch noch den großen Vorteil, daß schon beim Angehen der starke Ankerstrom durch die Magnetwicklung fließt, also das Anzugsmoment unter allen Umständen ein sehr kräftiges ist. Der Serienmotor läuft gegen die Bürsten, d. h. er läuft als Generator bei derselben Polarität umgekehrt wie als Motor; wenn also ein Serienmotor von außen aus angetrieben wird, so kann er nicht Energie ans Netz zurückliefern. Der Serien-Gleichstrommotor wird zumeist im elektrischen Straßenbahnbetrieb angewendet.

b) Der Nebenschlußmotor.[1]) Die Magnetwicklung wird hier nicht vom Ankerstrome durchflossen, vielmehr liegt dieselbe an der Netzspannung, so daß sich der die Magnetwicklung durchfließende Strom J_m als $J_m = \frac{E_k}{R_m}$ ergibt, in welcher Formel E_k die Klemmenspannung und R_m den Ohmschen Widerstand der Magnetwicklung bedeutet, Abb. 30 gibt eine schematische Skizze des Nebenschlußmotors.

Abb. 30.

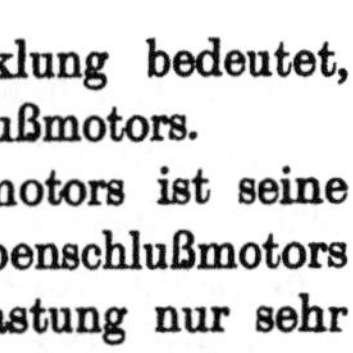

Abb. 31.

Die charakteristische Eigenschaft des Nebenschlußmotors ist seine »starre Charakteristik«, d. h. die Tourenzahl des Nebenschlußmotors ändert sich oder vielmehr sinkt mit steigender Belastung nur sehr wenig. Der Nebenschlußmotor wird also hauptsächlich dort verwendet werden, wo ein Antrieb mit konstanter Geschwindigkeit erforderlich ist. Abb. 31 gibt in einem Schaubild die Abhängigkeit der Tourenzahl eines Nebenschlußmotors von der Belastung wieder. Die Charakteristik zeigt auch, daß der Nebenschlußmotor bei Entlastung nicht

[1]) Der Nebenschlußmotor ist unter den Gleichstrommotoren — soweit sie in der Industrie als Zutriebsmotoren Verwendung finden — die häufigste Ausführungsart.

durchgehen kann. Im Gegensatze zum Hauptstrommotor läuft der Nebenschlußmotor mit den Bürsten, d. h. es hat die Nebenschlußmaschine als Generator bei derselben Polarität die gleiche Drehrichtung wie als Motor; wird der Nebenschlußmotor also von außen aus angetrieben, z. B. durch einen bergab fahrenden Straßenbahnwagen, so kann er als Generator Strom ans Netz zurückliefern. Da der Ankerwiderstand im allgemeinen verhältnismäßig gering ist, braucht beim Nebenschlußmotor nur ein kleines Sinken der Tourenzahl, d. h. nur eine kleine Verminderung der elektromotorischen Kraft einzutreten, um den Ankerstrom $J_a = \frac{E_k - E}{R_a}$ auf die erforderliche Höhe zu bringen. Hierbei bedeutet E_k die Klemmenspannung, E die gegenelektromotorische Kraft, R_a den Ankerwiderstand. Bei sehr starker Überlastung fällt die Tourenzahl des Nebenschlußmotors jedoch schließlich auch ab, was eine Folge der »Ankerrückwirkung« ist. Der vom Motor durchflossene Anker bildet nämlich auch einen Elektromagneten, welcher bei hoher Belastung, also hoher Ankerstromstärke auf das Magnetfeld des Stators stark schwächend einwirkt.

c) **Der Doppelschluß- oder Kompoundmotor.** Der Doppelschlußmotor entsteht dadurch, daß man auf den Magnetschenkeln sowohl eine Nebenschluß-, als auch eine Hauptstromwicklung anbringt, und zwar führt man den Motor vorerst als Nebenschlußmotor aus und legt über die Nebenschlußwicklung und im entgegengesetzten Wicklungssinn zu letzterer noch einige Hauptstromwindungen; bekanntlich fällt ja die Tourenzahl des Nebenschlußmotors mit der Belastung etwas ab (siehe Abb. 31). Der beim Kompoundmotor durch die Hauptstrommagnetwicklung fließende Strom ist um so stärker, je stärker die Motorbelastung ist; da die Hauptstromwicklung außerdem entgegengesetzt gewickelt ist wie die Nebenschlußwicklung, so wird das Feld um so mehr geschwächt und damit die Tourenzahl um so mehr erhöht, je stärker die Belastung ist; diese Tourenerhöhung ergibt dann zusammen mit dem geringen Tourenabfall, welche der Motor infolge seiner Eigenschaft als Nebenschlußmotor hat, eine nahezu bei jeder Belastung konstante Drehzahl.

Durch die Doppelschlußwicklung kann man auch das Durchgehen beim Hauptstrommotor unmöglich machen. Man legt über die Hauptstromwicklung des Serienmotors eine Nebenschlußwicklung und zwar letztere in gleichem Sinne, wie die Hauptstromwicklung, also diese unterstützend. Infolge der Nebenschlußwicklung wird nun das Feld nie eine bestimmte Größe unterschreiten, so daß der Motor auch nicht durchgehen kann.

V. Anlassen und Regeln der Gleichstrommotoren.

1. Nebenschlußmotoren.

a) Anlassen. Solange der Motor still steht wird in seinem Anker noch keine gegenelektromotorische Kraft erzeugt. Würde man beim Anlassen den relativ kleinen Ankerwiderstand an die volle Netzspannung anschließen, so nähme der Anker einen außerordentlich hohen Strom auf, der eine unzulässige Erwärmung und bei größeren Motoren infolge der starken Stromstöße einen erheblichen Spannungsabfall im Netz und damit Lichtschwankungen etwa angeschlossener Glühlampen zur Folge hätte.

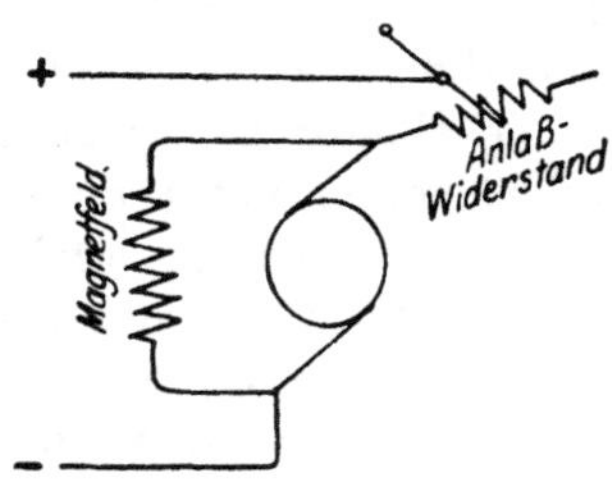

Abb. 32.

Man muß daher beim Anlassen dem Anker so viel Widerstand vorschalten, daß die Stromstärke den zulässigen Betrag nicht überschreitet. Ein sehr wichtiger Punkt beim Anlassen, bzw. bei der Einschaltung besteht darin, daß vor allem ein starkes, womöglich ungeschwächtes Magnetfeld vorhanden ist, damit das Anlaufdrehmoment genügend groß, bzw. der zur Erreichung des erforderlichen Anlaufdrehmomentes notwendige Ankerstrom nicht zu stark wird.

Bei der Ausführung der Anlasser werden häufig so viele Fehler gemacht, daß es vielleicht nützlich ist, diese Fehler besonders zu er-

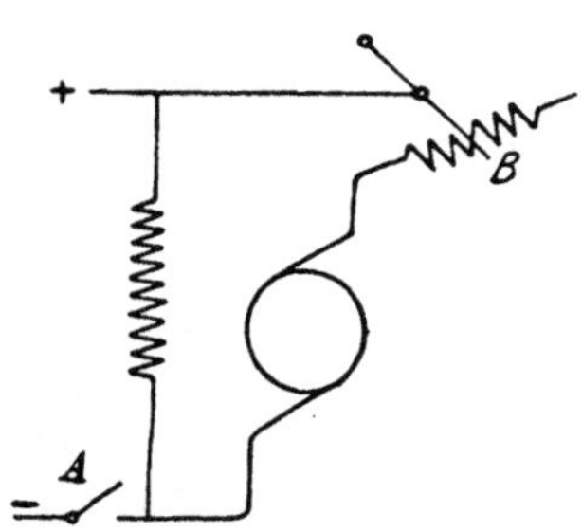

Abb. 33.

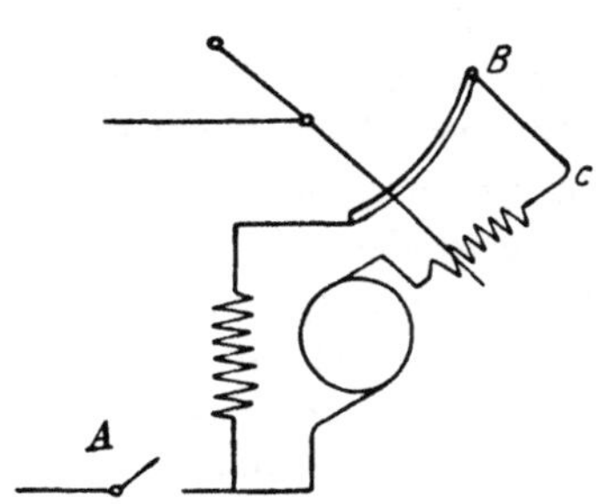

Abb. 34.

wähnen. Es werde beispielsweise der Anlasser nach Abb. 32 konstruiert. Diese Art des Anlassens wäre ganz unbrauchbar, weil sich das Magnetfeld gar nicht oder nur sehr wenig entwickeln kann, da es ja an der durch den Anlaßwiderstand verminderten Spannung liegt.

Führt man den Anlasser nach Abb. 33 aus, so kann sich wohl das Feld beim Anlassen voll entwickeln, auch ist die Magnetwicklung von einem Pol des Netzes abschaltbar; hingegen ergibt sich der Nachteil, daß beim Öffnen des Hauptschalters *A* die Nebenschlußwicklung plötzlich unterbrochen wird, welche plötzliche Unterbrechung infolge der früher erwähnten Erscheinung der »Selbstinduktion« eine bedeutende Spannung in der Magnetwicklung erzeugt, welche Spannung wieder die Ursache von Isolationsdurchschlägen usw. werden kann.

Führt man hingegen den Anlasser nach Abb. 34 aus, d. h. verbindet man die Punkte *B* und *C* leitend, so ist die Nebenschlußwicklung über dem Anker geschlossen, so daß der Magnetstrom nicht plötzlich unterbrochen wird, sondern langsam auf Null sinkt. Diese Ausführungsart ist daher in jedem Falle zu empfehlen.

b) Tourenzahlregelung. Die Tourenzahlregelung des Nebenschlußmotors kann entweder durch Widerstandsregelung oder durch Magnetfeldregelung erfolgen.

Bei der Widerstandsregelung schaltet man einfach Widerstand in den Ankerstromkreis des Motors. Je größer der vorgeschaltete Widerstand, desto geringer die Motordrehzahl; diese Regelung ist eine unökonomische, denn in dem vorgeschalteten Widerstande geht elektrische Energie verloren, die sich in Wärme umsetzt.

Bei der Feldregelung schaltet man Widerstand vor die Magnetwicklung, wodurch diese geschwächt wird. Je mehr das Feld geschwächt wird, desto höher steigt die Tourenzahl des Motors. Schwächt man nämlich das Feld, so wird bei derselben Tourenzahl eine geringere gegenelektromotorische Kraft erzeugt; infolgedessen wird der Ankerstrom und damit das Drehmoment stärker, was eine Beschleunigung des Motors zur Folge hat, die so lange dauert, bis die Tourenzahl des Motors groß genug geworden ist, um die entsprechende gegenelektromotorische Kraft zu erzeugen; aber auch nach Eintreten des Gleichgewichtes bei der neuen Tourenzahl bleibt der Ankerstrom und damit auch der Ohmsche Spannungsabfall im Anker für dieselbe Belastung größer wie vor der Feldschwächung.

Daraus erhellt, daß man das Feld nicht unbegrenzt schwächen darf, um die Drehzahl zu erhöhen, da zuletzt der Einfluß des Ohmschen Spannungsverlustes im Anker auf die Drehzahl so groß wird, daß diese bei übermäßiger Schwächung des Feldes wieder abnimmt. Für eine gegebene Belastung erreicht die Tourenzahl ihren größten Wert, wenn der Kraftlinienfluß so weit geschwächt ist, daß der Ohmsche Spannungsabfall im Anker gleich der halben Klemmenspannung wird, also $J_a R_a = \frac{E_k}{2}$. Schwächt man den Kraftfluß Φ_a noch weiter, so erreicht man dadurch keine Drehzahlsteigerungen mehr, vielmehr beginnt die Tourenzahl bei weiterer Feldschwächung dann abzufallen. Aber auch der Betriebszustand, welcher der Gleichung $J_a R_a = \frac{E_k}{2}$ entspricht, liegt außerhalb der praktischen Grenzen, da der Ankerstrom hierbei einen außerordentlich hohen Wert annimmt. Die Feldschwächung kann außer durch Vorschaltung von Widerstand vor die Magnetwicklung auch durch sogenannte Shuntung geschehen; diese Methode besteht darin, daß man zur Magnetwicklung Widerstand parallel schaltet. Soll das Feld ungeschwächt bleiben, so muß der zur Magnetwicklung parallel geschaltete Shunt offen sein, bei Beginn der Feldschwächung schaltet man dann den stärksten Widerstand in den Shunt ein und verringert diesen Widerstand bei fortschreitender Feldschwächung, also steigender Tourenzahl allmählich (siehe Abb. 35).

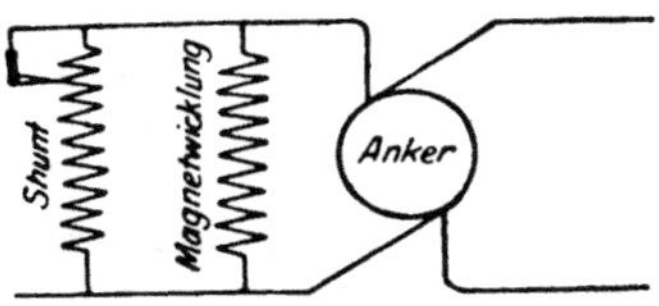

Abb. 35.

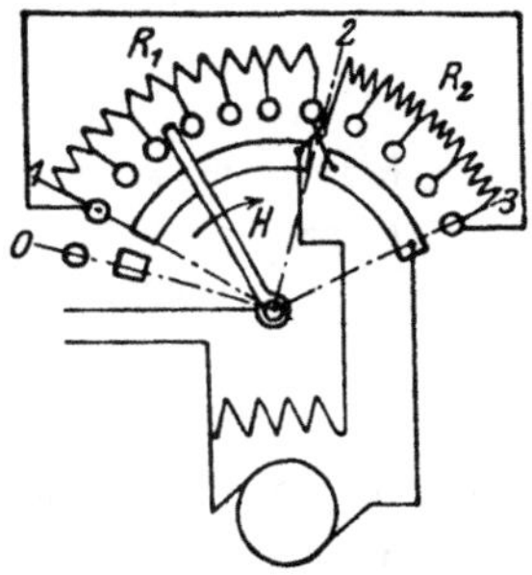

Abb. 36.

Abb. 36 zeigt einen Anlasser für einen Nebenschlußmotor, welcher zugleich zur Tourenregelung mittels Feldschwächung durch Vorschalten von Widerstand vor die Magnetnebenschlußwicklung verwendbar ist[1]).

2. Hauptstrommotoren.

Zuerst hat man hier wieder auf die Tourenzahlregelung durch Vorschaltwiderstände gegriffen; hierbei sind natürlich die Verluste im Vorschaltwiderstand bedeutend. Man führt daher öfters die Tourenzahlregelung beim Serienmotor dadurch aus, daß man das Magnetfeld ändert. Dies darf man jedoch nicht so machen, daß man der Magnetwicklung, wie beim Nebenschlußmotor, einen Widerstand vorschaltet, da dies wegen der Serienschaltung von Anker- und Magnetwicklung beim Serienmotor nichts anderes als eine Regelung durch Vorschaltwiderstand bedeuten würde. Man muß daher die Regelung durch die bereits beim Nebenschlußmotor erwähnte »Shuntung« bewerkstelligen,

[1]) Beim Beginne des Anlassens, d. h. wenn der Hebel H aus der Stellung 0 in die Stellung 1 gebracht wurde, ist dem Ankerstromkreise der Widerstand R_1 vorgeschaltet, die Magnetfeldwicklung oder Erregerwicklung liegt jedoch an der vollen Spannung, so daß sich sofort ein starkes Magnetfeld ausbilden kann. Sodann wird mit fortschreitender Tourenzahlerhöhung R_1 allmählich abgeschaltet; ist der Hebel H in der Stellung 2 angelangt, so beträgt der Wert von R_1 null; der Anker liegt also an der vollen Klemmenspannung; bringt man sodann den Hebel H von der Stellung 2 bis in die Stellung 3, so wird der Widerstand R_2 von null bis auf seinen größten Wert gebracht und dadurch die Tourenzahl durch Feldschwächung erhöht.

d. h. den Regelwiderstand parallel zur Magnetwicklung schalten. Abgesehen von dem geringen Einfluß des Ohmschen Widerstandes wächst die Tourenzahl hier direkt im umgekehrten Verhältnis mit der Stärke des Magnetfeldes. Bei gleichbleibendem Drehmoment und geschwächtem Magnetfeld, also höherer Tourenzahl, nimmt der Hauptstrommotor eine bedeutend höhere Stromstärke auf, als beim normalen Magnetfeld, d. h. normaler Tourenzahl. Dies ist leicht erklärlich, wenn man beachtet, daß das Drehmoment ja proportional dem Produkte aus Anker-

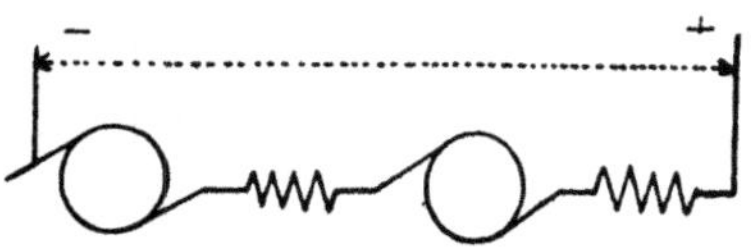

Abb. 37.

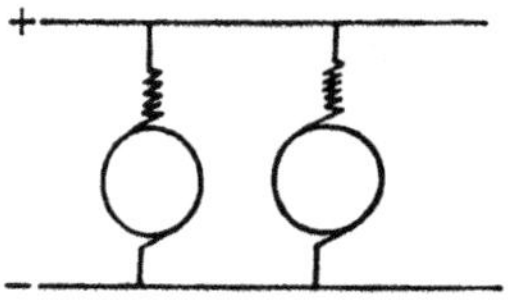

Abb. 38.

strom und Magnetfeldkraftfluß ist. Je kleiner das Magnetfeld wird, desto größer muß also der Ankerstrom werden. Eine Art der Drehzahlregelung bei Hauptstrommotoren, welche besonders auch im Straßenbahnbetrieb angewendet wird, besteht darin, daß man die Motoren vorerst in Serie und dann nach erfolgtem Anlassen parallel schaltet. Wenn die beiden Motoren in Serie geschaltet sind, so kommt auf jeden einzelnen Motor nur die halbe Spannung, so daß jeder auch nur mit der ungefähren halben Drehzahl läuft (siehe Abb. 37). Werden die Motoren dann parallel geschaltet, so erhält jeder die volle Spannung und läuft daher auch mit der vollen Drehzahl (siehe Abb. 38).

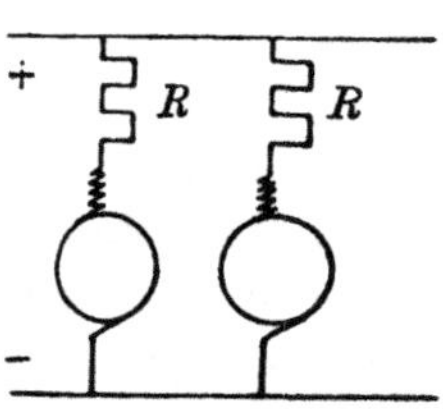

Abb. 39.

Gewöhnlich geht man nicht direkt von der Serienschaltung zur Parallelschaltung über, d. h. man legt die parallel geschalteten Motoren nicht an die volle Spannung, sondern man schaltet ihnen zuerst Widerstände R vor (Abb. 39), die dann mit zunehmender Tourenzahl wieder abgeschaltet werden.

VI. Baustoffe im Elektromaschinenbau.

Bevor Ausführungsbeispiele von Gleichstrommaschinen gebracht werden können, muß auch einiges über die Baustoffe im Elektromaschinenbau gebracht werden.

a) Baustoffe für den magnetischen Kreis. Der magnetische Kreis ist der Weg der Kraftlinien innerhalb der elektrischen Maschine. Bei einer zweipoligen Gleichstrommaschine ist er z. B. durch den punktierten Linienzug in Abb. 40 dargestellt. Ein Baustoff ist für den magnetischen Kreis um so besser geeignet, je besser er die Kraftlinien leitet, oder wie man sagt, je besser seine magnetische Leitfähigkeit, auch »Permeabilität« genannt, ist. Als Baustoff für den magnetischen Kreis wird daher immer Eisen in Betracht kommen. Die Permeabilität einer Eisensorte gibt an, wievielmal mehr Kraftlinien im Eisen entstehen als in Luft unter sonst gleichen Verhältnissen oder wievielmal besser das Eisen die Kraftlinien leitet als dies die Luft tut.

Zur Eisenuntersuchung wird meist der Hopkinsonsche Apparat verwendet. Spannt man in denselben einen Eisenstab ein, umgibt den Stab mit einer Wicklung und schickt durch diese Wicklung Strom, so bildet sich innerhalb des eisengeschlossenen Hopkinsonapparates ein magnetischer Kraftfluß aus. Mißt man diesen Kraftfluß bei verschiedenen Stromstärken und trägt in einem Diagramm die Ordinaten als Kraftflüsse, die Ampèrewindungen als Abszissen auf (die Ampèrewindungen ergeben sich als das Produkt aus der Windungszahl der Bewicklung und der Stromstärke in der Bewicklung), so erhält man eine Kurve, die sogenannte Magnetisierungskurve der betreffenden Eisensorte. Ein Maß für die Permeabilität gibt auch das Verhältnis des Kraftflusses zu den Ampèrewindungen; je weniger Ampèrewindungen zur Erreichung eines bestimmten Kraftflusses bei einer bestimmten Eisensorte erforderlich sind, desto größer ist die Permeabilität oder magnetische Leitfähigkeit dieser Eisensorte.

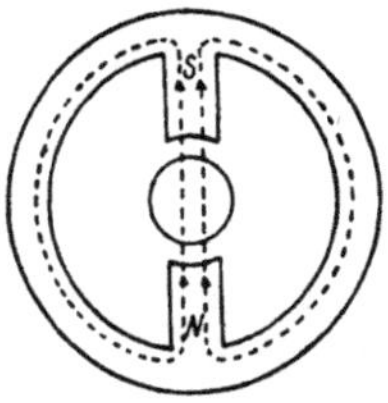

Abb. 40.

Gußeisen ist auch heute noch eines der wichtigsten Bestandteile für den magnetischen Kreis, insbesondere für die sogenannten »Magnetjoche«, d. i. der Teil des Stators zwischen zwei Polen. Obwohl die Permeabilität des Gußeisens verhältnismäßig gering ist, wird diese Eigenschaft wieder durch den billigen Preis und die leichtere Bearbeitungsmöglichkeit ausgeglichen. Die Permeabilität wird um so kleiner, je größer der Gehalt des Gußeisens an gebundenem Kohlenstoff ist.

Neuerdings werden infolge der stark verbesserten Gußtechnik die Statorjoche auch vielfach aus Stahlguß gemacht, welch letzteres Material eine viel höhere Permeabilität als Gußeisen hat.

Der weitaus wichtigste Baustoff für den Anker oder Rotor der Gleichstromelektromotoren ist das Flußeisenblech. Den Anker der Gleichstrommaschinen setzt man aus Blechpaketen zusammen. Jedes Blechpaket besteht aus einzelnen Blechen, welche durch Papierzwischenlagen voneinander getrennt sind. Die Ausführung der Anker erfolgt deshalb nicht in massivem Eisen, weil der Anker einer ständigen Ummagnetisierung unterworfen ist; als Folge dieser Ummagnetisierung treten die Eisenverluste auf, welche sich aus den sogenannten Hysteresis- und Wirbelstromverlusten zusammensetzen. Die Hysteresisverluste sind je nach der Güte des betreffenden Blechmateriales verschieden und um so höher, je höher die Frequenz der Polwechselzahl, je höher die Induktion und je höher der »Hysteresiskoeffizient« der betreffenden Eisensorte ist; ein Maß für die Güte des Bleches gibt neben der Permeabilität also auch der Hysteresiskoeffizient des Eisens. Die Wirbelstromverluste werden um so größer, je größer die Frequenz der Polwechselzahl, je größer die Induktion und je größer die Blechdicke ist. »Verlustziffer« einer Eisensorte nennt man den gesamten Wattverbrauch pro 1 kg dieser Eisensorte bei 50 Perioden pro Sekunde und einer höchsten Induktion von 10000. Bei Drehstrom- und Wechselstrommaschinen, bei welchen der Stator ebenfalls einer Ummagnetisierung unterzogen wird, baut man auch diesen aus Blechpaketen zusammen.

Das Wicklungskupfer wird im Dynamobau hauptsächlich in Form von gezogenem Draht, Stangen und Flachstäben verwendet; dieses Material hat folgende hauptsächliche Konstanten:

1. Der Ohmsche Widerstand von l_{met} bei q mm² Querschnitt und t^0 Temperatur ist in Ohm

$$R_t = \frac{(1 + 0{,}0038\,t)\,l}{60\,q} = \frac{\varrho \cdot l}{q} = \frac{l}{\sigma_t \cdot q}.$$

2. Das spezifische Gewicht des handelsüblichen Kupfers ist etwa 8,9 kg/cm³.

3. Die Zugfestigkeit gezogener Kupferdrähte beträgt 3000 bis 3600 kg/cm²; die Dehnungsgrenze des Kupfers etwa 1250 kg/cm².

4. Die spezifische Wärme ist 0,093 Kalorien.

Für Kommutatoren kommt nur hartgezogenes Kupfer in Betracht. Alle Experimente mit Legierungen und anderen Metallen ergaben regelmäßig Mißerfolge.

Bei Drehstrommotoren kommen zumeist Schleifringe in Anwendung; auch für diese ist gewalztes Kupfer das richtige Material, wenn man Metallbürsten anwendet. Gebraucht man Kohlenbürsten, so kann man auch als Material für die Schleifringe Bronze und Gußeisen anwenden.

b) **Isolierstoffe.** Die im Elektromaschinenbau verwendeten Isolierstoffe müssen der Hauptsache nach folgende Eigenschaften aufweisen.

1. Mechanische Festigkeit gegen Zug und Druck, Zähigkeit und Biegsamkeit.

2. Widerstandsfähigkeit gegen dauernde Erwärmung auf 50—100° C.

3. Gute, elektrische Isolierfähigkeit.

4. Großen Widerstand gegen direktes Durchschlagen bei hohen Spannungen.

Die Faserstoffe, welche hauptsächlich als Isoliermaterialien angewendet werden, sind Papier, Preßspan, Baumwoll- und Seidenumspinnung, Leinwand, Leinen, Baumwoll- und Seidenband. Diese Stoffe werden vor Verwendung in geeigneten Lacken oder Firnissen getränkt, wodurch sie gegen Wasseraufnahme aus der Luft geschützt, die Lufträume innerhalb der Isolierstoffe ausgefüllt und die Isolierstoffe selbst gegen Wärmeeinwirkung widerstandsfähiger gemacht werden.

Als beste Tränkmittel haben sich Paraffine mit hohem Schmelzpunkt und jene Präparate erwiesen, die aus oxydiertem Leinöl, welch letzteres in Benzin oder anderen Lösungsmitteln aufgelöst wird, hergestellt werden. Das Tränken der Isolierstoffe geschieht am besten in einem geheizten Vakuumofen, in dem die Faser, nach Befreiung vom Wassergehalt, womöglich unter Druck getränkt wird. Hierauf werden die getränkten Wicklungen oder Spulen getrocknet und gebacken, durch dieses Trocknen und Backen werden die Lösungsmittel der Tränkstoffe entfernt; man kann diesen Prozeß so oft wiederholen, bis die Oberfläche der so behandelten Wicklungen oder Spulen mit einem glasigen Lacküberzug versehen ist. Ein Maß für die Isolationsfestigkeit von Isolierstoffen ist ihre Durchschlagsspannung bei gegebener Dicke.

Im Nachstehenden sind einige aus der Praxis gewonnene, von Prof. Pichlmayer zusammengestellte Werte der mittleren Durchschlagsspannung für verschiedene Fasermaterialien wiedergegeben.

1. Leinwand, in Lack getaucht und durch 12 Stunden getrocknet:

Tränkmittel	Mittlere Durchschlagsspannung
Tapolack	9300 Volt
Standard Guttapercha Varnish	5000—7400 »
Sterling Varnish	5000—7000 »
Leinöl-Firnis	6000—6700 »

2. Exzelsior-Papier:

Stärke	Mittlere Durchschlagsspannung
0,15 mm	3700 Volt
0,18 mm	4300 »
0,27 mm	5600 »
0,30 mm	6800 »
0,45 mm	9200 »

3. Exzelsior-Leinen:

Stärke	Mittlere Durchschlagsspannung
0,15 mm	3900 Volt
0,25 mm	4800 »

4. Preßspan trocken:

Stärke	Mittlere Durchschlagsspannung
0,2 mm	2600 Volt
0,5 mm	6900 »
0,75 mm	9300 »
1,0 mm	11300 »
1,25 mm	13000 »

5. Manila-Papier in heißem Öl getränkt, in vielen Schichten aufgewickelt:

Gesamtstärke	Mittlere Durchschlagsspannung
1 mm	9000 Volt
2 mm	18000 »
3 mm	25000 »
4 mm	28000 »
5 mm	30500 »
6 mm	33000 »

Bei allen angeführten Proben war die Prüfdauer kurz. Der Einfluß der Prüfdauer geht dahin, daß die Durchschlagsspannung bei längerer Prüfdauer herabgeht. Da jedoch bei der praktischen Verwendung der Isoliermaterialien die Beanspruchung derselben eine bedeutend geringere ist als der Isolationsfestigkeit entspricht und andererseits der Einfluß der Zeit auf die Isolationsfestigkeit derselben nur im praktischen Betrieb der Maschinen ermittelt werden kann, ist die richtige Wahl der Isolationsstärken wesentlich Sache einer reichen Erfahrung.

Glimmer. Dieser Isolierstoff ist wegen seiner großen Widerstandsfähigkeit gegen Erwärmung, Feuchtigkeit und elektrischen Durchschlag einer der wichtigsten Baustoffe. Er wird sowohl als natürlicher, in Platten gespaltener Glimmer, so z. B. als Isoliermittel zwischen den einzelnen Segmenten eines Kollektors, als auch in Glimmerleinwand, Glimmerpapier usf., also in Kombination mit Leinwand und Papier verwendet.

Ein sehr wichtiges Isoliermaterial ist auch der Mikanit, welcher fabriksmäßig durch Zusammenkleben vieler dünner Glimmerplättchen hergestellt wird. Durch Aufbügeln dünner Mikanitplatten in warmem Zustand auf Dorne unter möglichster Entfernung des Schellacks werden Mikanitrohre hergestellt, welche zur Aufnahme der Hochspannungswicklungen in Nuten von Wechsel- und Drehstrommaschinen Verwendung finden.

Preßbare Isolierstoffe. Zur Herstellung der Formstücke bei Klemmen, Bürstenhaltern, Handgriffen usw. verwendet man vielfach preßbare Isolierstoffe wie Ambroin, Gummiasbest, Gummi usw., die bei Erwärmung plastisch werden und sich sehr gut zur direkten Umpressung von Metallstücken eignen; nach der Umpressung werden sie zumeist durch »Vulkanisieren« erhärtet.

Sämtliche angeführten Isoliermaterialien mit Einschluß des Glimmers ändern ihre Isolationsfestigkeit bedeutend mit der Temperatur; zumeist sinkt die Isolierfähigkeit mit steigender Temperatur; will man ein Isoliermaterial einer Prüfung unterziehen, so muß man es möglichst bei einer solchen Temperatur prüfen, welche dem »betriebswarmen« Zustande entspricht.

Die zulässigen Erwärmungen können aus den »Normalien des Verbandes deutscher Elektrotechniker« für die Bewertung und Prüfung von elektrischen Maschinen und Transformatoren entnommen werden.

VII. Ausführungsbeispiele von Gleichstrommotoren.

Abb. 41 und 42 zeigen Gleichstrom-Nebenschlußmotoren kleinerer Leistung.

Abb. 41.

Abb. 42.

In Abb. 43 ist ein Gleichstrommotor mit Zahnradvorgelege dargestellt. Diese Maschinen sind Maschinen »offener Bauart« zum Unterschiede von Maschinen »gekapselter oder geschlossener Bauart«, welch

Abb. 43.

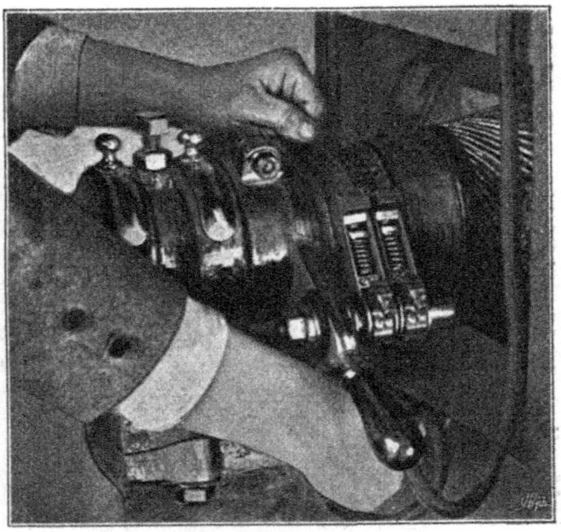

Abb. 44.

letztere für die Verwendung in staubreichen und rauhen Betrieben, wie Tischlereien, Sägen usw., sowie in feuchten Räumen geeignet sind.

Man unterscheidet ganz geschlossene oder ganz gekapselte Maschinen und geschlossene Maschinen mit künstlicher Ventilation.

Abb. 45.

Bei Motoren für Riementrieb gehört zu jeder Motortype eine normale Riemenscheibe, welche gewöhnlich mit der Maschine mitgeliefert

Abb. 46.

wird. Die Maschinen mit Riemenscheibe erhalten zum Zwecke der Riemennachspannung eine Fundamentgarnitur, welche aus Riemenspannschienen oder einer Riemenspannplatte, aus Maschinenbefestigungsschrauben zur Befestigung der Maschine auf den Spannschienen und Fundamentsteinschrauben zum Befestigen der Schienen am Fundament besteht.

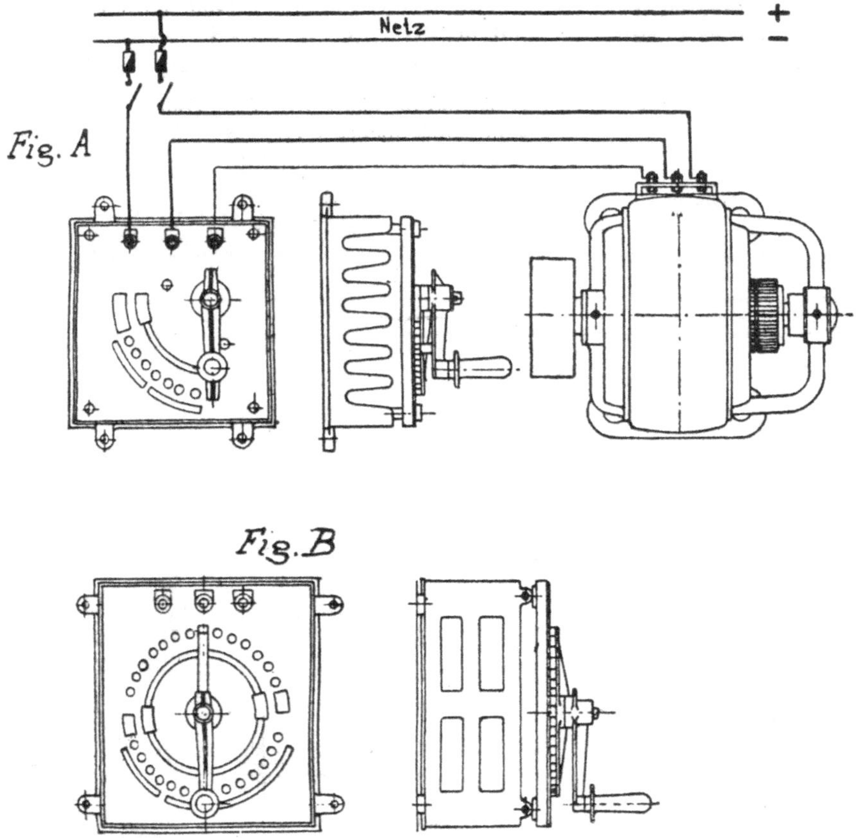

Abb. 47.

Bei vertikalen Riementrieben werden die Motoren vielfach statt mit Riemenspannschienen mit Riemenwippen ausgeführt.

Abb. 44 zeigt die Kollektorseite eines Gleichstrommotors mit den Bürstenhaltern.

In Abb. 45 und 46 ist je ein Gleichstrommotor für größere Leistung dargestellt.

Abb. 48.

Es wäre noch einiges über Anlasser für Gleichstrommotoren zu sagen.

Bei den Anlassern unterscheidet man der Hauptsache nach Metallanlasser, Flüssigkeits- und Ölanlasser. Jeder dieser Anlasser kann wieder für Anlauf mit voller oder mit geringer Last gebaut sein.

Die Metallanlasser werden auch vielfach mit Tourenregelung gebaut und zwar führt man dieselben zumeist für Anlauf mit voller Last und für etwa 50%ige Tourenverminderung, oder für etwa 15%ige Tourenerhöhung, oder für 50%ige Tourenverminderung und 15%ige Tourenerhöhung aus.

Abb. 47 zeigt einen Metallanlasser. Abb. 48 stellt einen Öl-, Abb. 49 einen Flüssigkeitsanlasser dar.

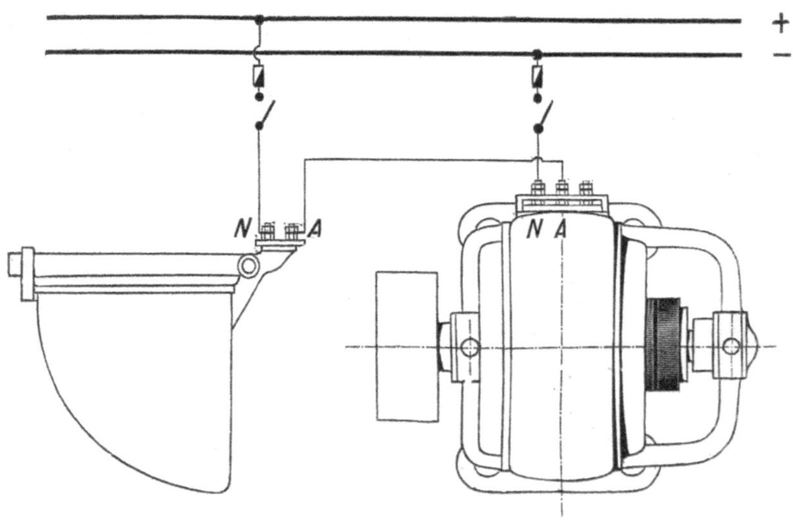

Abb. 49.

VIII. Wechselstrom- und Drehstrommaschinen.

a) Die Synchronmaschinen. Dies sind Wechselstrom- oder Drehstrommaschinen, deren Magnete durch eine äußere Stromquelle erregt werden. Diese Magnete sind auf dem rotierenden Teile der Maschine, dem sogenannten Polrad befestigt. Soll ein Synchrongenerator Strom mit einer bestimmten Periodenzahl abgeben, so muß ihm bei gegebener Polzahl auch eine bestimmte, gleichbleibende Drehzahl erteilt werden. Umgekehrt behält ein Synchronmotor seine Drehzahl bei jeder Belastung bei, wenn er an ein Netz mit gleichbleibender Periodenzahl angeschlossen wird.

Bei den Synchronmaschinen wird die Hauptwicklung fast ausnahmslos im feststehenden Teile oder Stator untergebracht, während sich am Polrad nur die vom Gleichstrom durchflossene Magnetwicklung befindet. Der Stator wird ebenso wie der Anker von Gleichstrommaschinen aus Blech zusammengesetzt. Der Stator erhält Nuten, in welche die Wicklung verlegt wird. Die Nutenzahl beträgt pro Pol und Phase zumeist 2—4 Nuten.

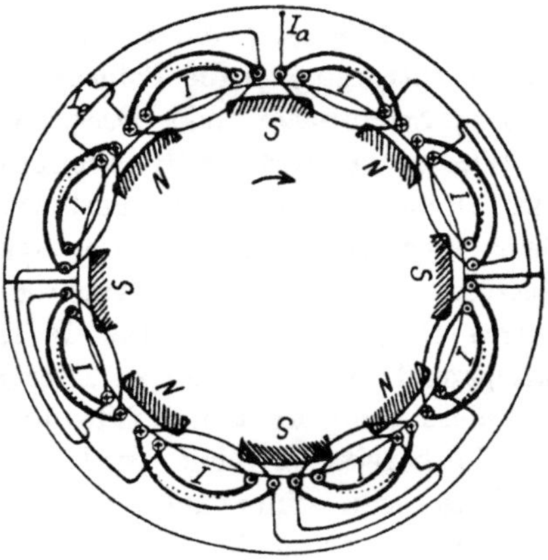

Abb. 50.

Abb. 50 zeigt eine Wicklung für eine Einphasen-Wechselstromsynchronmaschine mit 2 Nuten pro Pol.

Abb. 51 zeigt eine Wicklung für eine Zweiphasen-Wechselstromsynchronmaschine mit 2 Nuten pro Pol und Phase.

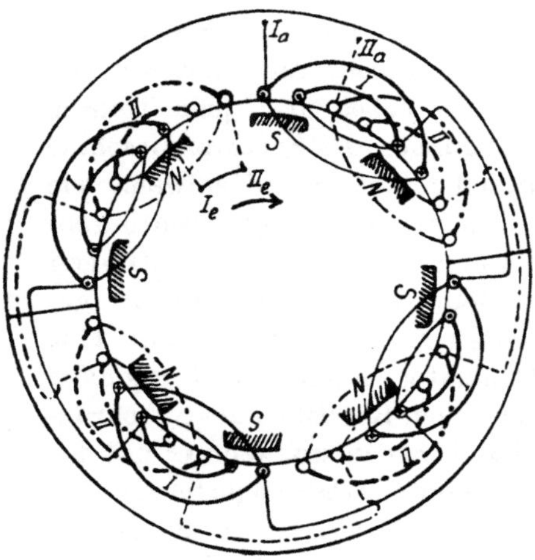

Abb. 51.

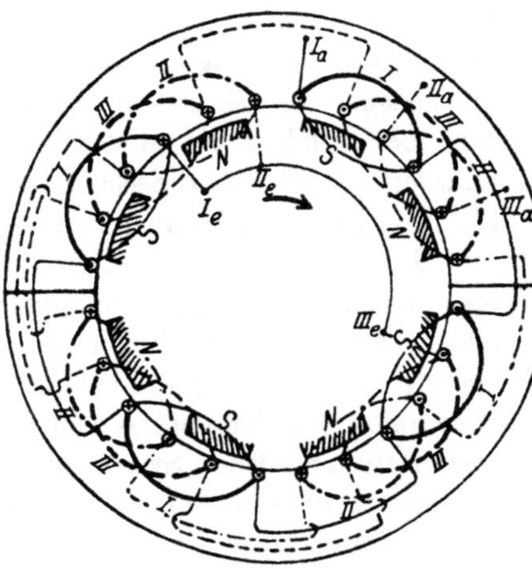

Abb. 52.

Abb. 52 zeigt eine Wicklung für eine Dreiphasen-Wechselstromsynchronmaschine mit einer Nute pro Pol und Phase.

Wird ein Einphasenwechselstrom-, Zweiphasenwechselstrom- oder Drehstromsynchrongenerator mit konstanter Tourenzahl angetrieben, so ist auch die Frequenz oder Periodenzahl des abgegebenen Stromes konstant und beträgt

$$f = \frac{p \cdot n}{60}$$

in welcher Formel f die Frequenz des vom Synchrongenerator abgegebenen Stromes, p die Polpaarzahl und n die Drehzahl des Einphasen-, Zweiphasen- oder Dreiphasengenerators bedeuten.

Wird umgekehrt ein Synchronmotor an ein Einphasen-, Zweiphasen- oder Drehstromnetz mit konstanter Periodenzahl angeschlossen, so bleibt auch die Tourenzahl des Synchronmotors unabhängig von der Belastung konstant; der Synchronmotor hat also eine vollkommen »starre Charakteristik«. Die Belastung des Synchronmotors kann naturgemäß auch nur bis zu einer gewissen Grenze getrieben werden; wird diese überschritten, so fällt der Synchronmotor einfach außer Tritt.

Wie bereits erwähnt, wird die Magnetbewicklung der Synchronmaschinen von einer äußeren Stromquelle mit Gleichstrom gespeist. Dieser Gleichstrom kann entweder aus einem vorhandenen Gleichstromnetz, aus einer Akkumulatorenbatterie oder aber, wie dies zumeist geschieht, aus einer eigenen Erregermaschine, die auf der Welle der Synchronmaschine sitzt, also mit ihr zusammengebaut ist, entnommen werden. Will man nun einen Synchrongenerator oder aber einen Synchronmotor an ein Netz anschalten, so gestaltet sich dies nicht so einfach wie bei den Gleichstrommaschinen. Bevor eine Synchronmaschine ans Netz angeschlossen werden darf, muß sie erst die genaue »Synchrontourenzahl« erreicht haben, d. i. jene Tourenzahl, bei welcher die in den Statorwindungen der Synchronmaschine induzierte elektromotorische Kraft dieselbe Periodenzahl aufweist wie die Netzspannung; man nennt das Einregulieren der Synchrontourenzahl das Synchronisieren und die hierzu erforderlichen Vorrichtungen die Synchronisierungsvorrichtungen. Beim S y n c h r o n g e n e r a t o r gestaltet sich das Synchronisieren verhältnismäßig einfach; man läßt einfach die Antriebsmaschine samt Generator anlaufen und reguliert dann mit Hilfe des naturgemäß erforderlichen Regulators die Synchrontourenzahl ein. Beim Synchronmotor kann man diesen, wenn er mit der Erregermaschine zusammengebaut ist und eine Gleichstromquelle zur Verfügung steht, durch die Gleichstrommaschine anlaufen lassen und zwecks Erzielung der Synchronmaschine die Tourenzahl der als Gleichstrommotor laufenden Erregerdynamo nach bekannter Methode einregulieren.

Hat man keinen Gleichstrom zur Verfügung, so muß man dem Synchronmotor einen eigenen Anwurfmotor geben, der an das Wechselstrom- oder Drehstromnetz angeschlossen und nach vollzogenem Synchronisieren wieder von diesem Netz abgeschaltet wird. Der Anwurfmotor wird als Asynchronmotor ausgeführt.

Die einfachste Synchronisierungsvorrichtung besteht zumeist aus den sogenannten Phasenlampen, durch welche die Klemmen der Synchronmaschine bei offenem Maschinenschalter mit den Netzklemmen verbunden sind. Sieht man die Schaltung nach Abb. 53 vor, so zeigt das Erlöschen der Lampen das Erreichen der Synchrontourenzahl an und man kann die Maschine mittels Hauptschalters ans Netz anschließen (Dunkelschaltung).

Führt man hingegen die Schaltung nach Abb. 54 aus, so zeigt das hellste Aufleuchten der Phasenlampen den Eintritt der Synchrontourenzahl an. Die Abb. 53 und 54 gelten für ein Einphasennetz.

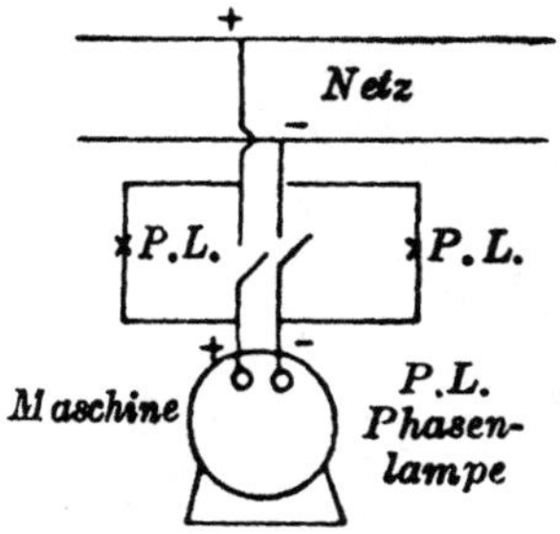

Abb. 53.

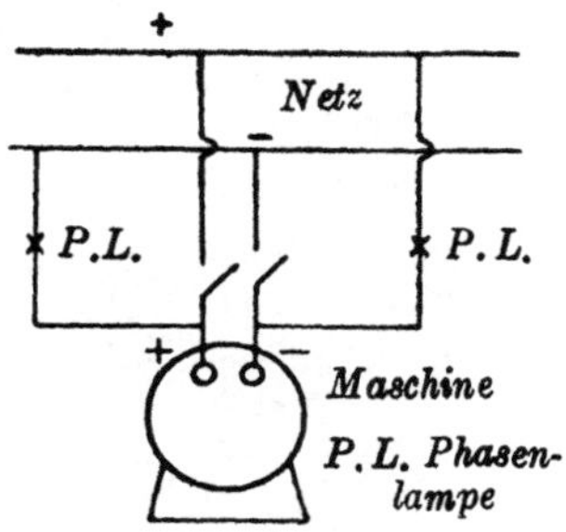

Abb. 54.

In folgenden 11 Punkten sind die Haupteigenschaften des Synchronmotors festgelegt.

1. Die Erregung der Feldmagnete erfolgt mit Gleichstrom, daher ist beim Synchronmotor stets eine separate Gleichstromquelle erforderlich.

2. Wenn das Anlassen von der Gleichstromseite nicht erfolgen kann, so ist ein separater Anwurfmotor nötig.

3. Vor dem Anschalten des Synchronmotors an das Netz ist die Einregelung der Synchrontourenzahl, das sogenannte Synchronisieren erforderlich, was weiter zur Folge hat, daß separate Synchronisiervorrichtungen vorgesehen werden müssen.

4. Jedem Belastungszustande des Synchronmotors entspricht eine gewisse günstigste Erregung, bei welcher die geringste Stromstärke auftritt und bei welcher die Phasenverschiebung zwischen Netzspannung und Strom gleich null ist.

5. Übererregte Synchronmotoren erzeugen einen der Spannung nacheilenden, untererregte Synchronmotoren einen der Spannung voreilenden Strom.

6. Die Tourenzahl ist bei allen Belastungen genau die gleiche und zwar die der Netzperiodenzahl entsprechende.

7. Bei Überlastung fällt der Synchronmotor aus der starren Synchrontourenzahl oder er fällt, wie man sagt, »außer Tritt«.

8. Beim Abschalten des Synchronmotors vom Netz muß zuerst der Statorstrom und dann die Erregung ausgeschaltet werden. Würde zuerst die Erregerspannung ausgeschaltet, so könnte durch Induktion eine gefährliche Überspannung in den Erregerwindungen auftreten.

9. Die Stromaufnahme des Synchronmotors bei Leerlauf und günstigster Erregung ist nur sehr gering gegenüber derjenigen bei Voll-

Abb. 55.

belastung. Diese günstige Eigenschaft des Synchronmotors ist darin begründet, daß man auch bei Leerlauf die günstigste Erregung mit dem Regulator einstellen kann, bei welcher der Phasenunterschied zwischen Strom und Spannung null, also der Leistungsfaktor $C\varphi = 1$ wird, was bei den später zu behandelnden Asynchronmotoren nicht zutrifft.

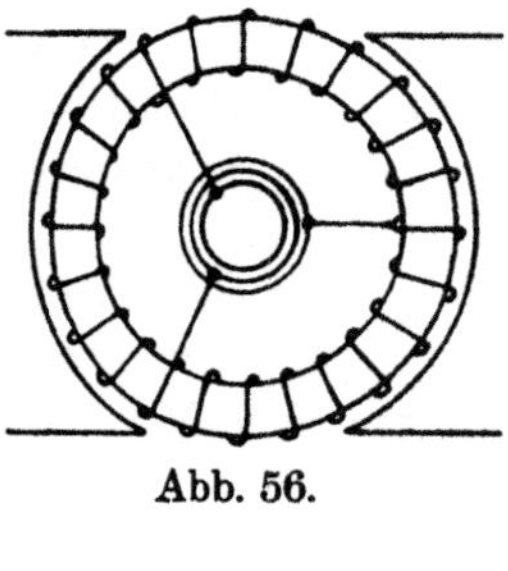

Abb. 56.

10. Den Einphasensynchronmotor kann man in beliebiger Richtung durch Vornahme einer Schaltungsänderung, d. h. durch Vertauschen der beiden Zuleitungen, anlaufen lassen; beim Dreiphasensynchronmotor muß man zwei von den drei Zuleitungen des Stators vertauschen, wenn man die Drehrichtung umkehren will.

11. Der Synchronmotor wird bei derselben Drehrichtung und Tourenzahl zum Generator, wenn die mechanische Belastung des Motors aufgehoben, er von außen angetrieben und elektrisch belastet wird.

Abb. 55 zeigt einen Drehstromsynchronmotor für große Leistung.

Zu den Synchronmaschinen können auch die Einankerumformer oder Konverter gezählt werden, welche Gleichstrom in ein- oder mehrphasigen Wechselstrom umformen oder umgekehrt. Diese Maschinen sind im allgemeinen ebenso wie Gleichstrommaschinen gebaut, nur ist ihre Wicklung außer an den Kollektor an zwei oder mehrere Schleifringe angeschlossen. Während bei den Synchronmaschinen im allgemeinen die Pole auf dem rotierenden Teile, dem sogenannten Polrad untergebracht sind, erscheinen dieselben bei Einankerumformer ebenso wie bei den Gleichstrommaschinen am Stator angeordnet. Abb. 56 zeigt die schematische Skizze eines Einankerumformers für dreiphasigen Wechselstrom. Auch der Einankerumformer muß vor Anschalten an das Wechselstrom- oder Drehstromnetz, ebenso wie jede Synchronmaschine, synchronisiert werden.

b) Die Asynchronmaschinen. Die wichtigsten Elektromotoren für Drehstrom und Wechselstrom sind die Asynchronmotoren. Die Asynchron- oder Induktionsmotoren haben keine ausgeprägten Pole. Die Statorwicklung ist ebenso wie bei den Synchronmaschinen als »verteilte Wicklung« in Nuten untergebracht. Die Rotorwicklung ist ebenfalls eine verteilte, zumeist zwei- oder dreiphasige Wicklung und gewöhnlich bei mittleren und großen Motoren zu Schleifringen geführt. Diese Art der Asynchronmotoren sind die Asynchronmotoren mit Schleifringanker. Die Schleifringankermotoren können nun wieder eingeteilt werden in solche mit dauernd aufliegenden Bürsten und solche mit Bürstenabhebe- und -Kurzschlußvorrichtung. Bei den ersteren liegen die zu dem weiter unten erwähnten Anlasser führenden Bürsten dauernd auf den Rotorschleifringen auf; bei den letzteren hingegen werden nach dem Anlassen die Schleifringe durch eine eigene Kurzschlußvorrichtung kurzgeschlossen (so daß der Anker nunmehr als Kurzschlußanker weiterläuft) und dann die Bürsten abgehoben.

Vielfach wird auch der Rotor oder Anker der kleineren Asynchronmotoren mit einem sogenannten Kurzschlußanker versehen. Beim Kurzschlußanker bilden die in die Ankernuten verlegten Leiter eine kurzgeschlossene Wicklung, d. h. in die Ankernuten sind Leiterstäbe verlegt, die sämtlich durch Stirnringe miteinander verbunden sind, auf denen Bürsten schleifen.

Wie kommt nun überhaupt das Drehmoment beim Asynchronmotor zustande? Bei den Synchronmaschinen kann die Drehung des die Magnetpole tragenden Rotors, aus den im vorstehenden erwähnten Sätzen über gegenseitige Kraftwirkung zwischen Strömen und magnetischen Feldern, leicht erklärt werden. Um ein klares Bild über das Zustandekommen des Drehmomentes beim Asynchronmotor zu gewinnen, muß vorerst der Begriff »Drehfeld« erläutert werden. Ein Drehfeld ist ein magnetisches Feld, dessen Richtungslinie eine umlaufende Bewegung um eine diese Richtungslinie schneidende (und zu derselben meist normal stehende) Achse vollführt.

Ein solches Drehfeld kommt aber in dem Stator immer zustande. Je nach der Anordnung der Statorwicklung kann das entstehende Drehfeld 2, 4, 6 oder mehrpolig sein. Die Drehung des Rotors kann nur erfolgen, wenn in demselben Strom fließt, denn erst unter dieser Voraussetzung kann eine Kraftwirkung zwischen Feld und Strom auftreten. Nachdem aber dem Rotor von außen keinerlei Strom zugeführt wird, so muß dieser Strom auf andere Weise erzeugt werden und zwar geschieht dies dadurch, daß das rotierende Drehfeld in den Rotorwindungen eine Spannung induziert, welche wiederum durch diese Windungen einen Strom treibt. Das Drehfeld rotiert mit der sogenannten »synchronen Tourenzahl«, welche von der Periodenzahl des stromliefernden Netzes und von der Polzahl des Motors abhängt. Je höher die Netzperiodenzahl bei gleichbleibender Polzahl und je geringer die Polzahl bei gleichbleibender Frequenz, desto höher wird die Umdrehungszahl des Drehfeldes oder die Synchrontourenzahl. Als Formel für diese gilt:

$$n = \frac{60\,f}{p},$$

wobei n die Synchrontourenzahl,
p die Polpaarzahl,
f die Netzfrequenz bedeuten.

Im Rotor könnte keinerlei Spannung durch das rotierende Drehfeld erzeugt werden, wenn der Rotor mit derselben Umdrehungszahl, wie das Drehfeld umlaufen würde, denn dann könnte ja der Kraftfluß die Windungen der Rotorwicklungen gar nicht schneiden und demgemäß auch keine Spannung in ihnen induzieren. Um das letztere zu ermöglichen, muß der Rotor in seiner Tourenzahl gegen die Drehzahl des Drehfeldes zurückbleiben. Die hierdurch entstandene Tourendifferenz zwischen Motordrehzahl und Synchrontourenzahl nennt man »Schlüpfung«; sie beträgt 2—5 % der Synchrontourenzahl. Ein etwa achtpferdiger Drehstromsynchronmotor mit 4 Polen hat an ein Netz mit einer Frequenz von 50 Perioden angeschlossen, eine Synchrontourenzahl von 1500 Umdrehungen per Min. Die tatsächliche Tourenzahl des Motors bei voller Belastung wird aber etwa 1440 Umdr. p. M. betragen, so daß sich eine Schlüpfung von etwa 60 Touren ergibt. Bei zunehmender Belastung wird der Schlupf immer größer, d. h. die Tourenzahl nimmt bei wachsender Belastung immer ab, weshalb diese Motoren zum Unterschiede von den Synchronmotoren, welch letztere eine starre, von der Belastung unabhängige Drehzahl besitzen, Asynchronmotoren heißen.

Ein wichtiges Kapitel bei den Asynchronmotoren ist das Anlassen derselben. Drehstrom-Asynchronmotoren mit Kurzschlußanker nehmen beim Einschalten auf die volle Spannung das Vier- bis Achtfache des normalen Stromes auf, wobei die Kleineren etwa das 1,5 bis 2fache, die größeren höchstens das normale Drehmoment entwickeln. Für ein derartiges direktes Anschalten werden manchmal spezielle Anlaßschalter empfohlen. Es sind dies gewöhnliche Hebelschalter, jedoch sind dieselben so gebaut, daß die auf der Schaltergrundplatte angebrachten, dem Normalstrome des Motors entsprechenden Sicherungen in der Anlaßstellung wegen des beim Angehen des Motors auftretenden hohen Anlaufstromes kurzgeschlossen, in der Einschaltstellung jedoch vorgeschaltet sind. Zur Sicherung des Leitungszweiges müssen dann besondere, dem Anlaufstrome entsprechende Sicherungen vorgesehen werden: Der Schalterhebel wird in der Anlaßstellung etwa 20 Sekunden festgehalten und dann erst vollständig eingerückt. Zumeist werden jedoch die Drehstrom-Asynchronmotoren mit Kurzschlußanker nicht direkt auf die volle Spannung, sondern zwecks Vermeidung der hohen Anlaufstromstärke auf eine verminderte Spannung geschaltet. Diese verminderte Spannung erreicht man durch vor dem Motor befindliche Autotransformatoren oder aber — wie dies zumeist geschieht — durch Stern-Dreieckanlasser. Bei Verwendung dieses letzteren Anlassers wird die Statorwicklung des Motors beim Anlassen vorerst in Dreieck geschaltet, so daß der Motor nicht die verkettete, sondern nur die Phasenspannung erhält; nach erfolgtem Anlaufen wird dann die Statorwicklung auf Stern umgeschaltet, so daß der Motor an die volle, verkettete Spannung angeschlossen ist. Auch gelangen vielfach sogenannte Gehäuse- der Statoranlasser zur Verwendung, welche mehrere Widerstandsstufen besitzen; beim Anlassen wird dem Stator des Motors der größte Widerstand vorgeschaltet; mit wachsender Tourenzahl wird dann dieser Widerstand allmählich abgeschaltet.

Durch Verwendung derartiger Stern-, Dreieck- und Gehäuseanlasser werden die Stromstöße zwar gemildert, doch geht gleichzeitig auch das Anzugsmoment auf etwa ein Drittel des normalen herab. Drehstromsynchronmotoren mit Schleifringanker können durch geeignete Anlasser mit dem vollen, normalen Drehmoment angelassen werden, ohne daß der Anlaufstrom die normale Betriebsstromstärke übersteigt; sie können jedoch bei entsprechend höherer Stromaufnahme das 2 bis 2,5fache normale Drehmoment als Anlaufmoment entwickeln. Bei diesen Anlassern, welche auch Rotoranlasser genannt werden, schaltet man beim Anlassen vorerst Widerstand in den Rotorkreis des Motors; mit zunehmender Tourenzahl schaltet man diesen Widerstand allmählich ab und schließt den Anlasser endlich kurz.

Die Anlasser für Drehstromasynchronmotoren mit Schleifringanker werden zumeist als luftgekühlte Metallanlasser ausgeführt.

Abb. 57 zeigt einen Metallanlasser für einen Drehstromasynchronmotor mit Schleifringanker.

Für größere Schleifringankermotoren kommen vielfach auch Öl-anlasser in Betracht. Nachdem diese Anlasser gekapselt sind und

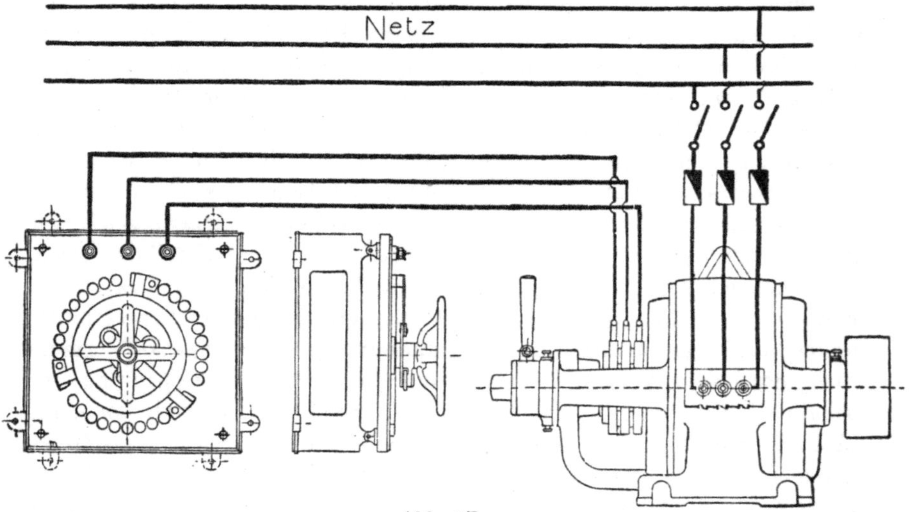

Abb. 57.

sich ihre Widerstände und Kontakte unter Öl befinden, können sie auch in allen jenen Betrieben Verwendung finden, in denen durch

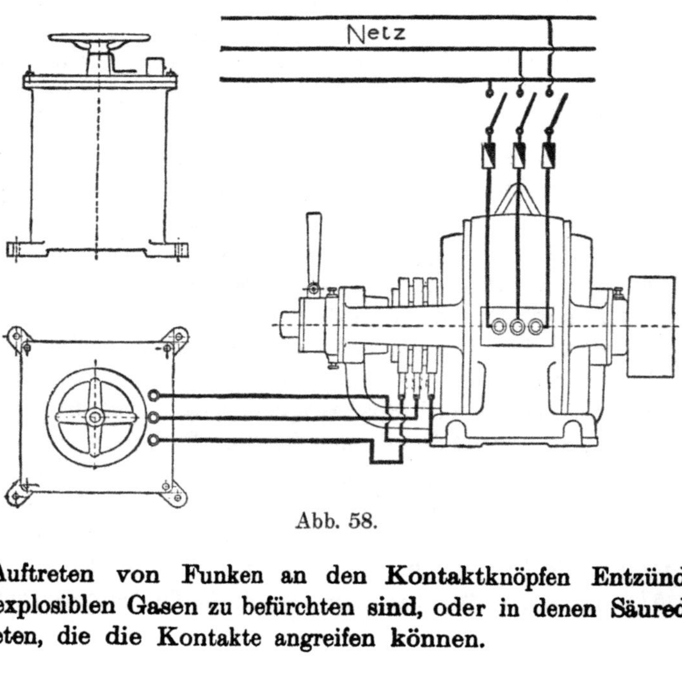

Abb. 58.

das Auftreten von Funken an den Kontaktknöpfen Entzündungen von explosiblen Gasen zu befürchten sind, oder in denen Säuredämpfe auftreten, die die Kontakte angreifen können.

Abb. 58 zeigt einen Ölanlasser in Verbindung mit einem Drehstrom-Schleifringankermotor.

Schließlich finden für große und sehr große Drehstromasynchronmotoren mit Schleifringanker auch Flüssigkeitsanlasser Verwendung. Diese bestehen aus einem gewöhnlich mit Soda- oder Pottaschelösung gefüllten Behälter, in den zwei Metallplatten eintauchen. Zwei Schleifringe des Motorankers werden an die Kontaktplatten, der dritte an den Behälter angeschlossen. Je nachdem, ob man die Platten mehr oder weniger in den Behälter eintaucht, wird der im Rotorkreis eingeschaltete Widerstand kleiner oder größer; daraus folgt, daß man beim Anlassen die Platten vorerst nur ganz wenig eintauchen und dann allmählich in den Behälter einsenken darf.

Abb. 59.

Abb. 59 zeigt einen Flüssigkeitsanlasser.

Bei den Drehstrom-Induktionsmotoren mit Schleifringanker unterscheidet man solche mit auf den Rotorschleifringen dauernd aufliegenden Bürsten und solche mit Bürstenabhebe- und Kurzschlußvorrichtung. Bei den letzteren Motoren werden die Bürsten nach erfolgtem Kurzschließen des Anlaßwiderstandes einfach abgehoben und gleichzeitig die Ankerwicklung durch eine Kurzschlußvorrichtung kurzgeschlossen.

Abb. 60 zeigt einen Drehstrom-Induktionsmotor mit Kurzschlußanker. Abb. 61 einen solchen mit Schleifringanker.

Treibt man einen Asynchronmotor übersynchron an, so geht er in den Generatorzustand über. Asynchrone Generatoren werden jedoch nur dort mit Vorteil angewendet, wo viele derartige kleinere Asynchronmaschinen an einem großen Netze hängen, kurz wo der zum Anlaufen der Asynchronmaschinen erforderliche Strom immer zur Verfügung steht.

Im Folgenden sind die Haupteigenschaften des Drehstrom-Asynchron- oder -Induktionsmotors zusammengestellt.

1. **Der Motor läuft nach erfolgtem Einschalten von selbst an und zwar bei entsprechender Wahl des Anlassers mit vollem Drehmoment.**

Abb. 60.

Abb. 61.

2. **Die Anlaufstromstärke ist bei direktem Einschalten eines Kurzschlußankermotors ohne Anlasser auf das Netz sehr hoch, weshalb**

sich die Verwendung von Kurzschlußankern nur bei kleinen Motoren und gleichzeitiger Erniedrigung der Statorklemmenspannung (Stufentransformatoren, Sterndreieckschalter, Gehäuseanlasser) empfiehlt.

3. Der Leerlaufstrom ist nahezu gleich der Hälfte des Betriebsstromes bei Normalleistung; auch ist bei Leerlauf des Motors der Leistungsfaktor des Motors ein sehr ungünstiger.

4. Der Drehstromasynchronmotor ist überlastbar; bei zu starker Überlastung tritt jedoch ein bedeutender Tourenabfall ein, schließlich bleibt der Rotor überhaupt stehen, wobei ähnlich wie bei Transformatoren ein summendes Geräusch auftritt.

5. Die Tourenzahl weicht bei normaler Belastung um 2 bis 5 % von der synchronen Tourenzahl ab.

6. Eine Tourenveränderung ist möglich

a) durch Einschalten von Widerstand in den Rotorkreis,

b) durch Polumschaltung, d. h. man verändert durch entsprechende Schaltung die Polzahl des Motors, wodurch sich nach obigen Ausführungen die Synchrontourenzahl ebenfalls ändert.

Eine weitere Änderungsmöglichkeit der Drehzahl ist durch die sogenannte Kaskadenschaltung gegeben. Die Wellen zweier verschiedenpoliger Drehstromasynchronmotoren mit Schleifringanker werden direkt oder durch Riementrieb miteinander verbunden. Der Statorstrom des einen Motors wird an den Schleifringen des anderen Motors abgenommen; mittelst dieser Schaltung lassen sich vier verschiedene Tourenzahlen einstellen.

7. Eine Umkehrung der Drehrichtung erfolgt durch Vertauschung zweier Phasen; (beim Zweiphasenmotor durch Wenden einer Phase).

8. Beim Überschreiten der synchronen Tourenzahl geht der Asynchronmotor in den Generatorzustand über.

Es soll nun noch kurz einiges über den einphasigen Wechselstrom-Induktionsmotor gesagt werden.

1. Der Einphasen-Induktionsmotor läuft nicht von selbst an, vielmehr durch eine sogenannte »Hilfsphase«, durch welche ein um etwa 90° gegen den Hauptstrom phasenverschobener Strom geschickt wird. Dieser phasenverschobene Strom wird durch eine Drosselspule erzeugt. Abb. 62 zeigt einen Einphasen-Induktionsmotor mit Metallanlasser, Hilfsphase und Drosselspule.

2. Auch beim Anlassen des unbelasteten Einphasenmotors ist der Anlaufstrom sehr hoch, daher verwendet man solche Motoren mit Kurzschlußanker nur bei kleinen Typen.

3. Leerlaufstrom und Leerlaufleistung sind etwas größer als beim asynchronen Drehstrommotor.

4. Eine Überlastung ist ebenso wie beim Drehstromasynchronmotor innerhalb gewisser Grenzen möglich, doch tritt der Tourenabfall rascher als beim Drehstommotor ein.

5. Größe, Gewicht und Preis der Einphaseninduktionsmotoren sind bedeutend höher, als bei Drehstrommotoren gleicher Leistung.

6. Der Schlupf bei Normallast beträgt etwa 5 %| der Synchrontourenzahl.

7. Eine Tourenzahlerniedrigung durch Einschaltung von Widerstand in den Rotorkreis wie beim Drehstromasynchronmotor wird beim Einphasenmotor nicht durchgeführt; es bleibt zur Tourenzahländerung also nur die Methode der Polumschaltung.

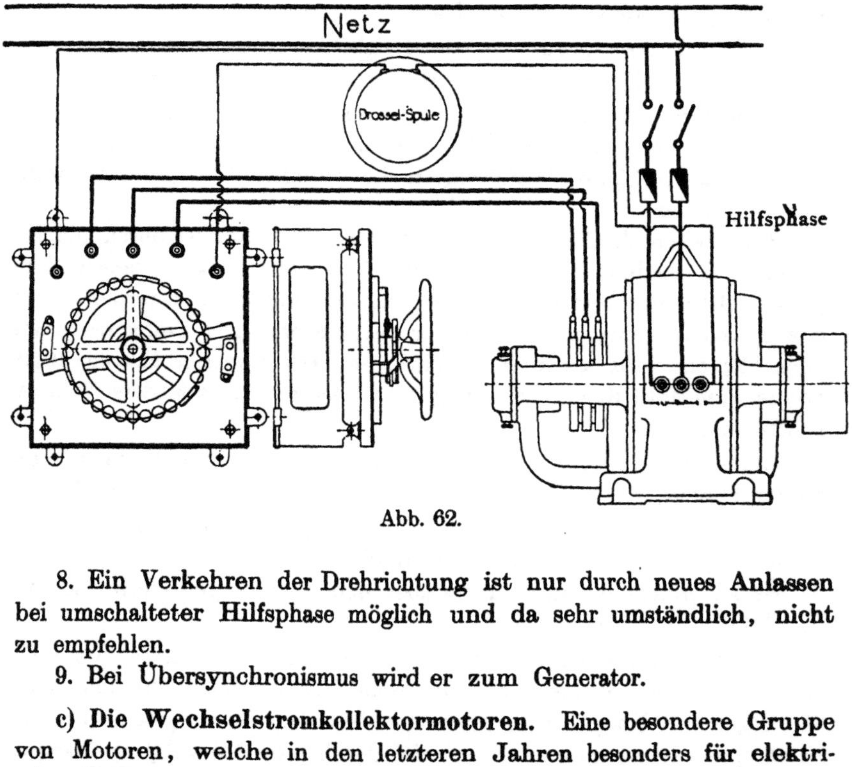

Abb. 62.

8. Ein Verkehren der Drehrichtung ist nur durch neues Anlassen bei umschalteter Hilfsphase möglich und da sehr umständlich, nicht zu empfehlen.

9. Bei Übersynchronismus wird er zum Generator.

c) **Die Wechselstromkollektormotoren.** Eine besondere Gruppe von Motoren, welche in den letzteren Jahren besonders für elektrischen Vollbahnbetrieb Bedeutung erlangt hat, ist die der Wechsel- und Drehstromkollektormotoren. Von besonderer Wichtigkeit sind die Einphasen-Wechselstromkollektormotoren, deren wichtigste Arten und Eigenschaften im folgenden angeführt werden sollen.

Der Motor trägt im allgemeinen, ebenso wie der gewöhnliche Gleichstrommotor, eine Erregerwicklung am Stator und eine Arbeitswicklung auf dem mit Kollektor versehenen Anker; hierzu kommt noch eine Kompensationswicklung am Stator, welche Wicklung im Gleichstrommaschinenbau zumeist nur bei großen und stark, bzw. stoßweise zu überlastenden Typen angewendet wird. Ein großes Augenmerk muß bei diesen Motoren der Kommutierung zugewendet werden; aus letzterem Grunde ist bei den Einphasenkollektormotoren die Kollektorlamellenzahl auch bedeutend größer, als bei den gewöhnlichen Gleichstrommotoren.

1. Der einphasige Reihenschlußmotor mit unmittelbarer Speisung des Rotors.

In Abb. 63 bedeutet *A* die Ankerwicklung,
F die Feldwicklung,
A_1 die Ausgleichswicklung.

Die Ausgleichswicklung, welche zumeist am Stator des Motors angebracht wird, hat den Zweck, das Feld des Ankers mit Rücksicht auf die bessere Stromwendung oder Kommutierung aufzuheben. Man kann auch nach Abb. 64 die beiden Wicklungen A_1 und *F* in eine

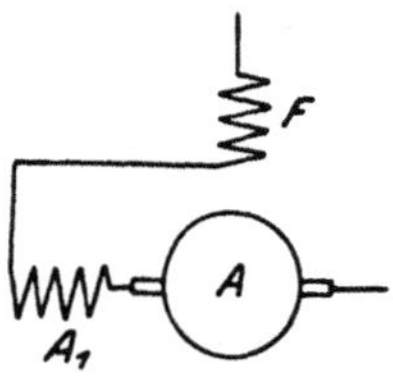

Abb. 63.

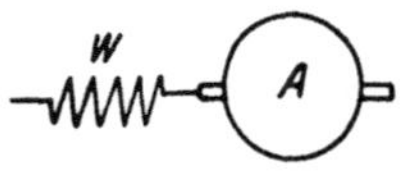

Abb. 64.

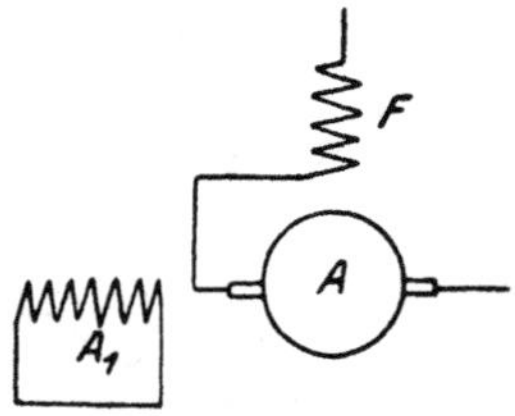

Abb. 65.

Wicklung *W* zusammenziehen, deren magnetische Achse gegen die magnetische Achse des Ankerfeldes geneigt ist.

Weiter kann auch statt einer besonders gespeisten Ausgleichswicklung am Stator eine kurzgeschlossene Wicklung angebracht werden (Abb. 65). Die elektromotorische Kraft, welche zur Erzeugung des das Ankerfeld aufhebenden Feldes der Ausgleichswicklung erforderlich ist, wird in der letzteren durch das Ankerfeld induziert. Es hat sich erwiesen, daß die unmittelbare Speisung der Ausgleichswicklung vorteilhafter ist.

2. Einphasenkollektormotoren, bei denen der Anker nicht unmittelbar, sondern induktiv gespeist wird:

Siehe Abb. 66. Bei diesem Motor ist der Anker durch eine Bürstenbrücke kurzgeschlossen; in der Ankerwicklung *A* wird durch die Ausgleichswicklung A_1 die zur Erzeugung des Drehmomentes nötige Ankerstromstärke erregt. Die Feldwicklung *F* ist ebenfalls am Stator angebracht und liegt in Serie mit der Ausgleichswicklung A_1.

Bei diesen Motoren erhält der ganze Anker seine Leistung durch Induktion aus der Wicklung A_1.

Aus dem Motor nach Abb. 66 ergibt sich leicht der Motor nach Abb. 67, der zumeist Repulsionsmotor genannt wird. Die Wicklungen A_1 und F sind in eine resultierende Wicklung G zusammengezogen worden; diese kann in zwei Komponenten, in eine in der Richtung der Bürstenverbindung und eine normal zu derselben zerlegt werden; die in Richtung der Bürstenverbindungslinie fallende Komponente bildet die Ausgleichswicklung, die darauf normal stehende die Feldwicklung.

Außer den Repulsionsmotoren mit einem einfachen Bürstenpaar gibt es auch solche mit zwei Bürstenpaaren, welche besonders empfindliche Regelbarkeit aufweisen.

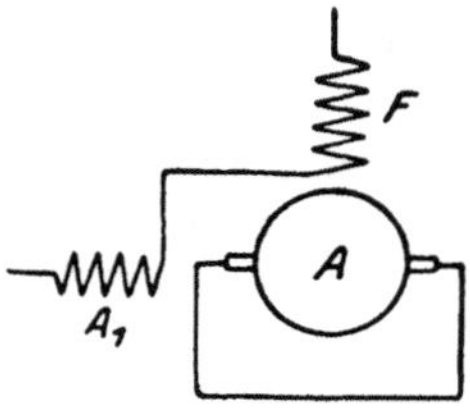

Abb. 66.

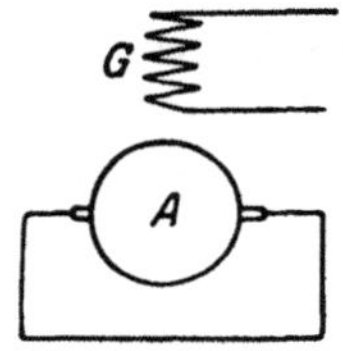

Abb. 67.

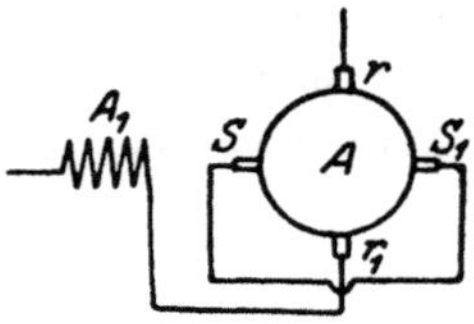

Abb. 68.

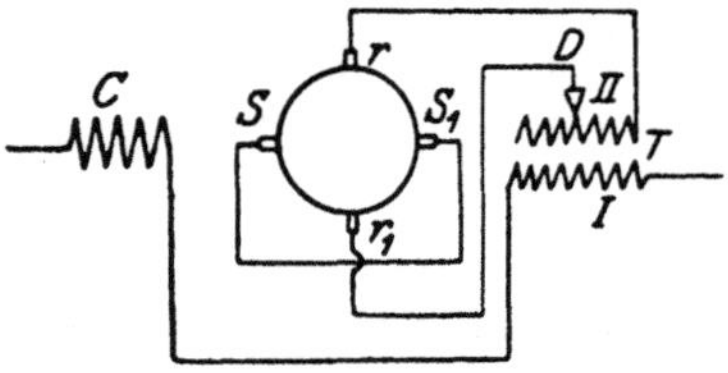

Abb. 69.

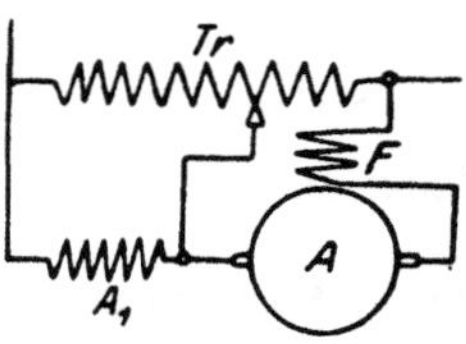

Abb. 70.

3. Eine weitere, sehr wichtige Art von Einphasenkollektormotoren sind die Winter-Eichberg-Latour-Motoren. Die gewöhnliche Ausführung derselben zeigt Abb. 68.

Die Ausgleichswicklung ist am Stator untergebracht, während der Rotor zwei Bürstenpaare r, r_1 und s, s_1 erhält; das Bürstenpaar s, s_1 ist kurzgeschlossen; die Verbindungslinie der beiden Bürsten s, s_1 bildet zugleich die Achse des von der Ausgleichswicklung induzierten Ankerstromkraftflusses; die Verbindungslinie der beiden Bürsten r und r_1 bildet zugleich die Achse des zur Ausübung des Drehmomentes erforderlichen Feldes.

Den Winter-Eichberg-Motor zeigt Abb. 69. Bei diesem Motor wird die Wicklung, welche das zur Erzeugung des Drehmomentes erforderliche Feld erzeugt, über einen Transformator mit veränderlichem Übersetzungsverhältnis gespeist, wodurch man den Vorteil hat, die Größe des Drehmomentes beliebig variieren zu können.

Eine im Bahnbetrieb sehr viel angewendete Art der Einphasenkollektormotoren sind die Reihenschlußmotoren mit doppelter Speisung. Bei diesen Motoren wird der Rotor sowohl unmittelbar über einem Spartransformator (Abb. 70) und die Ständerwicklung, als auch induktiv von der Ständerausgleichswicklung A_1 gespeist. Diese Motoren weisen als besonders günstige Eigenschaften sehr gute Stromwendung, als auch leichte Regelbarkeit auf.

Zusammenfassend können die Haupteigenschaften des Einphasenkollektormotors als folgende bezeichnet werden:

1. Je nach Schaltung kann er die Eigenschaften der bei den Gleichstrommotoren besprochenen Serien-, Nebenschluß- oder Kompoundmotoren aufweisen. Bei elektrischen Lokomotiven wird insbesondere der einphasige Kollektormotor mit Reihenanschlußeigenschaft angewendet.

2. Bei Betrieb mittelst Transformatoren kann der Motor bei beliebig hoher Primärspannung benützt werden.

3. Da unter Benutzung von Stufentransformatoren die Sekundärspannung auch bei konstanter Primärspannung variiert werden kann, ergibt sich eine sehr leichte Tourenzahlregulierung durch Spannungsänderung.

4. Der Einphasenkollektormotor kann auch mit Gleichstrom betrieben werden.

5. Er arbeitet am günstigsten bei einer Frequenz von 15 bis $16^2/_3$ Per. pro Sekunde, welch letztere Frequenz bei Bahnnetzen auch sehr verbreitet ist.

IX. Berechnung von Leitungsquerschnitten.

Der Elektromotor bezieht seinen Strom aus einer elektrischen Zentrale, wo derselbe durch Generatoren oder Dynamomaschinen erzeugt wird. Dieser elektrische Strom wird von der Zentrale zum bzw. zu den Elektromotoren durch eine Freileitung oder aber eine Kabelleitung geführt.

Für die Bestimmung des Querschnittes dieser Leitung sind der Hauptsache nach drei Gesichtspunkte maßgebend.

1. Die Leitung muß stark genug sein, um bei der auftretenden Stromstärke nicht zu warm zu werden, d. h. die »feuersichere Stromstärke« darf nicht überschritten werden. Im Kap. 2 wurden bereits einige Tabellen über feuersichere Stromstärken gebracht und auf den diesbezüglichen § 14 der »Sicherheitsvorschriften für Starkstromanlagen des Wiener elektrotechnischen Vereins« verwiesen.

2. Die Leitungen müssen stark genug sein, um auch genügend mechanische Festigkeit zu besitzen. Die Vorschriften bezüglich der

Festigkeit der Leitungen sind im Anhang II zu den Sicherheitsvorschriften des Wiener elektrotechnischen Vereins festgelegt.

3. Die Leistung muß weiter so stark bemessen sein, daß der in ihr auftretende Spannungsverlust die zulässigen Grenzen nicht überschreitet.

Der Spannungsverlust in den Verteilungsleitungen von Beleuchtungsanlagen soll, um ein gleichmäßiges Brennen der Lampen bei verschiedenen Netzbelastungen herbeizuführen, 2—3 % der Netzspannung nicht übersteigen.

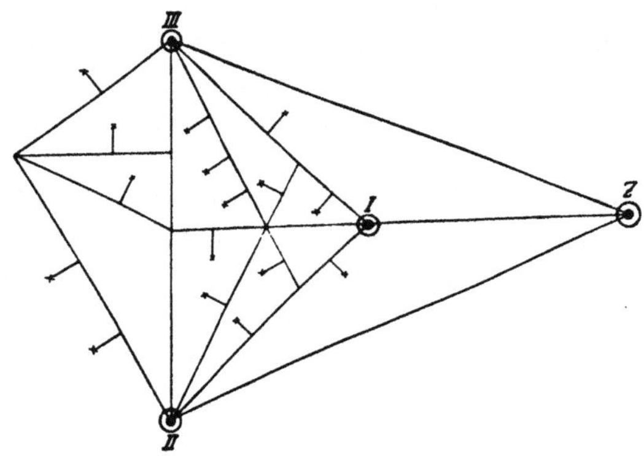

Abb. 71.

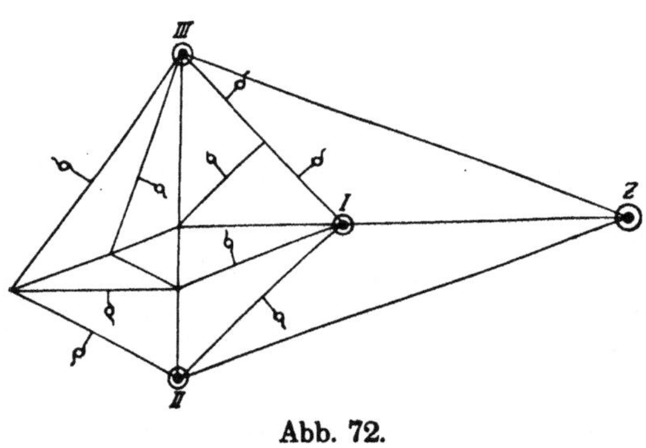

Abb. 72.

Abb. 71 zeigt ein Verteilungsnetz mit einer Glühlampenbelastung, Abb. 72 ein solches mit Motorenbelastung. Die Punkte I, II, III heißen Speisepunkte, die aus der Zentrale zu diesen Punkten führenden Leitungen heißen Speiseleitungen. Das Netz und die Speiseleitungen sind der Einfachheit halber einpolig gezeichnet.

Die Speiseleitungen sollen so bemessen sein, daß der in ihnen auftretende Spannungsabfall gleich dem »wirtschaftlichen Spannungsabfalle« wird, doch wird selten ein Spannungsabfall von mehr als 10 %

der Zentralenspannung zugelassen. Die Größe des »wirtschaftlichen Spannungsabfalles« ist hauptsächlich von der Art der Zentrale (ob Wasser-, Dampfkraft- oder sonstige Zentrale) und von den Leitungskosten abhängig [1]).

Bei Gleichstrom ist der Spannungsverlust nach den bereits im Kap. 2 angeführten Formeln

$$V = J \cdot \varrho \frac{2 \cdot l}{q} \quad \text{zu ermitteln,}$$

wobei J die Stromstärke in Ampere,
ϱ den spezifischen Widerstand,
l die einfache Leitungslänge in Meter,
q den Leitungsquerschnitt in mm² bedeutet.

Diese Formel gilt auch für einphasigen Wechselstrom bei induktionsfreier Belastung (Glühlampen), wobei J_{eff} den Effektivwert des Wechselstroms bedeutet.

Bei Drehstrom errechnet sich der Spannungsverlust für induktionslose Belastung

$$V = J \cdot \varrho \frac{l}{q} \sqrt{3} \text{ Volt,}$$

wobei l die einfache Leitungslänge in Meter,
J die Stromstärke in Ampere,
ϱ den spezifischen Widerstand,
q den Leitungsquerschnitt in mm² bedeutet.

X. Gebräuchliche Spannungen.

Die angewendeten Klemmenspannungen für Gleichstrommotoren sind 110, 150, 220, 300, 440 und 500 Volt, die am gebräuchlichsten 110, 220 und 440 Volt. Gleichstrommotoren für höhere Spannungen als 500 und 550 Volt werden nur ganz vereinzelt verwendet.

Zumeist können die Gleichstrommotoren ohne Änderung der Bewicklung auch mit einer Spannung betrieben werden, die um etwa 5 % höher oder geringer ist als die Normalspannung, wobei die Drehzahl bei gleicher Leistung sich annähernd proportional mit der Spannung ändert.

Die Drehstrommotoren sind zumeist für Spannungen von 190, 260, 380 und 500 Volt in Stern geschaltet und durch Umschaltung auf Dreieck auch für die korrespondierenden Normalspannungen von 110, 150, 220, 300 Volt verwendbar. Die für diese Spannungen bewickelten Motoren können gewöhnlich auch bei derselben Periodenzahl ohne

---

[1]) Siehe hierüber »Hohenegg, Berechnung elektrischer Leitungsnetze«.

Änderung an der Wicklung auch für Spannungen, die um 5 % unter oder über den angeführten Normalspannungen liegen, noch verwendet werden.

Für 50 Perioden und eine bestimmte Spannung bewickelte Motoren sind ohne Änderung der Bewicklung für andere Periodenzahlen zwischen 40 und 60 verwendbar, wenn auch die Spannung annähernd proportional mit der Periodenzahl geändert wird.

So ist z. B. ein für 50 Perioden, 220 Volt, 10 PS und 1450 Umdrehungen gebauter Motor ohne weiteres auch für 42 Perioden, 190 Volt, 8,4 PS und 1190 Umdrehungen verwendbar.

Drehstrommotoren werden vielfach auch als Hochspannungsmotoren zumeist für 3000 und 5000 Volt ausgeführt. Während der Kriegszeit hat diese Ausführungsart, wegen der schwierigen Beschaffung hochwertigen Isolationsmaterials, an Verbreitung etwas verloren.

XI. Anhang.

1. Allgemeine Vorschriften für die Bedienung elektrischer Maschinen.

Man bringe die Maschine, wenn halbwegs tunlich in der Kiste verpackt an den Aufstellungsort und packe sie dortselbst aus. Durch Transportieren ohne Kiste wird die Maschine leicht beschädigt.

Zum Auspacken beseitigt man den Kistendeckel, löst die Schrauben, mit denen die Maschine am Kistenboden befestigt ist und hebt sie sodann vorsichtig heraus. Fehlen hierzu geeignete Hebezeuge (Flaschenzüge), oder mangelt es am erforderlichen Platze, so ist die Kiste durch Entfernung der Seitenwände zu zerlegen. In der kalten Jahreszeit soll die Wachsleinwand, mit welcher die Maschine eingehüllt ist, erst entfernt werden, wenn das Stück längere Zeit im Aufstellungsraume gestanden und dessen Temperatur angenommen hat. Sodann wird die Maschine in ihre richtige Stellung gebracht, vorsichtig und gründlich abgestaubt, sowie an allen blanken Teilen vom Rostschutzmittel befreit.

Wichtig ist bei Anwendung von Fundamentschienen mit Riemenspannvorrichtung deren genaue parallele Horizontalstellung, was am besten mit einer Wasserwage nachkontrolliert wird.

Bei größeren mit Fundamentschienen ausgestatteten Maschinen empfiehlt es sich, die ersteren ihrer ganzen Länge nach in das Fundament einzubetonieren. Bei allen Maschinen ist die Verwendung endlos gekitteter, nicht benähter weicher Lederriemen zur Erzielung eines ruhigen Ganges zu empfehlen. Man vermeide ein Überspannen der Riemen.

Jeder Maschine wird ein Schema über ihre Schaltung, jedem Anlasser oder sonstigem Nebenapparat ein solches für die Verbindungsleitungen mit der Maschine beigepackt.

Sind die Verbindungsleitungen hergestellt, die Bürsten aufgelegt, auf ihr richtiges Spiel untersucht und die Lager mit gutem, säurefreiem Schmieröl so weit gefüllt, daß eben kein Überfließen bei den Schaulöchern stattfindet, so kann mit dem Betriebe begonnen werden.

Man achte darauf, daß die Ölräume der Lager genug gefüllt sind, da die Schmierringe bei zu geringem Eintauchen zu schnell laufen und das Öl abspritzen.

Bei neuen Ringschmierlagern wechsle man das Öl anfänglich alle zwei Tage. Ist die Maschine eingelaufen und die ab und zu vorkommende Erwärmung der Lager verschwunden, so genügt die Erneuerung des Öles, je nach der täglichen Betriebsdauer der Maschine alle 4—8 Wochen.

Wichtig ist ein öfteres Nachsehen, ob die Schmierringe ordentlich mitlaufen. Kommen sie durch einen Zufall, Verbiegung u. dgl. zum Stillstande, so ist eine sofortige Abhilfe nötig.

Sollte ein Heißlaufen eintreten, welches aber nur bei unrichtiger Behandlung vorkommen kann, so ist der Betrieb sofort zu unterbrechen; die Lagerschalen müssen sodann herausgenommen, nach Erforschung und Beseitigung der Ursache gründlich gereinigt und die etwa rauh gewordenen Stellen der Zapfen und Lagerschalen vorsichtig reingeschabt werden. Besser ist es, die Lagerschalen durch neue zu ersetzen, welche samt zugehörigen Schmierringen jederzeit erhältlich sind.

Zeigt sich an einer Lagerschale eine merkliche Ausweitung, so muß sie unbedingt durch eine neue ersetzt werden.

Nach Wiederzusammenstellen der Maschine empfiehlt es sich, den Lagern eine einmalige Füllung mit reinem Olivenöl zu geben. Rohhautzahnräder bei Zahnrädervorgelegen dürfen nicht geschmiert werden; sie sind ohnedies aus fettem Leder erzeugt. Eine weitere Einfettung würde zu ihrer frühzeitigen Zerstörung führen.

Von Zeit zu Zeit ist nachzusehen, ob alle Klemmenschrauben fest sitzen, alle Kontaktflächen blank sind und die Riemenscheibe gut aufgezogen ist. Erwärmen sich die Klemmenschrauben beim Betriebe, so läßt dies auf unreine Kontaktflächen oder schlechte Anpressung schließen.

Reinhaltung. Man sehe darauf, daß die Maschinen mit peinlichster Sorgfalt rein gehalten werden. Staub und Schmutz ist der größte Feind aller maschinellen Einrichtungen, insbesondere aber der elektrischen Maschinen. Der durch die Abnützung der Bürsten entstehende Staub ist ein stromleitender Körper, überzieht bei nicht sorgfältiger Reinhaltung die isolierenden Flächen am Anker, an den Bürstenstiften und Klemmen usw. und bildet dadurch eine leitende Überbrückung, welche zu Kurzschlüssen und damit zum Ruin der Maschine führt. Man wische also täglich mindestens einmal die erwähnten isolierenden Flächen mit einem trockenen Tuchlappen sorgfältig ab und entferne mit Hilfe eines scharf blasenden Blasbalges oder noch besser mit einem Kraushaar'schen Staubreiniger den Staub aus allen Fugen und Vertiefungen des Ankers und der Bewicklung, sowie von allen anderen Stellen der Maschine, welche nicht direkt abgewischt werden können.

2. Besondere Vorschriften für die Bedienung der Gleichstrom-Maschinen.

Alle modernen Maschinen geben bei gleichbleibender Bürstenstellung innerhalb der nach den Normalien des Verbandes deutscher Elektrotechniker (V. d. E.) zulässigen Belastungsgrenzen einen vollkommen funkenfreien Gang. Beim Betriebe muß der funkenfreie Gang immer erhalten bleiben. Jede Funkenbildung am Kollektor führt zu dessen allmählicher Zerstörung und verursacht unverhältnismäßig große Bürstenabnutzung. Sie ist fast immer auf unrichtige Behandlung der Maschine zurückzuführen. Man beachte insbesondere folgendes:

a) Ein gut arbeitender Kollektor zeigt eine glatt polierte, rötlich braun angelaufene Oberfläche. Wird die Kollektoroberfläche rauh, so ist die Maschine nicht in Ordnung und es muß, je rascher, je besser, Abhilfe geschafft werden. Ebenso muß der Kollektor genau rundlaufen.

b) Die Kohlenbürsten müssen mit ihrer ganzen Fläche und mit richtigem Drucke (etwa $^1/_4$ kg cm^2) aufliegen; die Bürstenhalter müssen leicht beweglich sein und gut spielen.

c) Die Bürsten müssen richtig eingestellt und deren Material richtig gewählt sein.

d) Man vermeide jegliche Schmierungen des Kollektors und halte überhaupt dessen Oberfläche sorgfältig frei von jeder Befettung und Beschmutzung.

e) Die gewöhnliche Reinigung des Kollektors erfolgt alle 2—3 Tage, am besten mit einer Glasbürste und darauffolgendes Abwischen mit einem mit Benzin befeuchteten Lappen, bei stromlos laufender Maschine.

f) Unzulässige Überlastungen sind zu vermeiden. Nach den Normalien des V. d. E. sind für Motoren Überlastungen von 25% durch eine halbe Stunde und von 40% durch 3 Minuten über die Normalbelastung noch zulässig, während für Dynamomaschinen die Vorschrift besteht, daß sie bei einer 15%igen Überlastung und normaler Tourenzahl noch die volle am Leistungsschild verzeichnete Spannung dauernd abgeben können müssen.

g) Ist der Kollektor durch zufällige Überlastungen, Kurzschlüsse oder dergleichen rauh geworden, so ist er mit feinstem Glaspapier (nicht Schmirgelpapier) zu glätten. Dies geschieht am besten dadurch, daß man einen langen Streifen Glaspapier mit beiden Händen an den Enden faßt und denselben bei laufender Maschine und abgehobenen Bürsten mit der scharfen Fläche nach innen, über den Kollektor spannt. Das Überdrehen eines durch irgendeine Beschädigung unrund gewordenen Kollektors darf nur durch sachkundige Hand geschehen.

h) Das Auftreten prasselnder oder glitschender Funken am Kollektor ist fast immer ein Zeichen irgendeines an der Bewicklung der Maschine aufgetretenen Fehlers, dessen Behebung die Heranziehung eines sachkundigen Monteurs erfordert.

i) Neu eingesetzte Kohlenbürsten paßt man dadurch der Rundung des Kollektors an, daß man Streifen von Glaspapier mit der scharfen Seite nach außen bei stillstehender Maschine mehrmals zwischen Kollektor und Bürsten durchzieht. Die Bürsten müssen am Umfange des Kollektors vollkommen gleichmäßig verteilt sein. Nach dem Einsetzen neuer Bürsten ist die gleichmäßige Verteilung zu kontrollieren und eventuell zu berichtigen.

k) Es ist nicht immer möglich, die zwischen den Kupfersegmenten des Kollektors liegenden Glimmerisolierungen in vollkommen gleichmäßiger Härte zu beschaffen und es kommt vor, daß dieselben eine kleinere Abnützung als die Kupfersegmente aufweisen; dadurch tritt nach längerer Betriebsdauer der Maschinen mitunter ein Vorstehen dieser Glimmerisolierungen über die Kupfersegmente ein, was zur Funkenbildung Veranlassung bietet. Es empfiehlt sich in solchen Fällen die Glimmerisolierung (am besten mit einer scharfen Dreieckfeile) bis auf etwa $^1/_2$ mm Tiefe auszukratzen. Neue Maschinen werden immer mit in dieser Weise ausgekratzten Glimmerisolierungen geliefert.

l) Die Bürsten müssen genau an den ihnen entsprechenden Stellen des Kollektorumfanges aufliegen, so daß den einzelnen Bürstenabständen die Polteilung entspricht. Bei Ablieferung von der Fabrik ist dieser Abstand natürlich genau eingehalten. Es kann jedoch späterhin im Betriebe vorkommen, daß der Abstand durch unvorsichtige Bedienung verändert wird und muß dann die richtige Teilung wieder hergestellt werden.

m) Hier und da wird es nötig sein, die Isolation der in Betrieb stehenden Maschinen zu prüfen. Die Prüfung geschieht, indem zuerst alle Zuleitungen gelöst und gereinigt werden. Hierauf wird eine der von dem Galvanoskop ausgehenden Leitungen an das Eisengestell und die andere Leitung an einen beliebigen Strom führenden Teil der Maschine gelegt. Bei dieser Schaltung darf das Galvanoskop keinen nennenswerten Ausschlag zeigen, insofern die Isolation der Maschine eine gute ist. Ganz kleine Ausschläge kommen mitunter auch bei genügender Isolation nach längerem Betriebe vor, da schwache Kontakte zwischen Gehäuse und Strom führenden Teilen etwa durch Verschmutzung, Späne usw. herbeigeführt werden können.

Mittelst des Galvanoskops ist es leicht, den Ort des Isolationsfehlers zu finden, da nur die einzelnen Strom führenden Teile mit der Zuleitung abgetastet werden müssen, um bis zu dem Punkte zu gelangen, wo der Fehler liegt.[1])

n) In einzelnen seltenen Fällen kommt es vor, daß eine Maschine ihren remanenten Magnetismus verliert und daher als Dynamo keine Spannung abgeben kann. In diesem Falle muß die Maschine mit Hilfe einer anderen Dynamo oder einer Akkumulatorenbatterie erregt werden. Der Beweis dafür, daß eine Maschine genügenden remanenten Magnetismus hat, wird geliefert, wenn eine Magnetnadel bei Annäherung an zwei aufeinanderfolgende Pole Ausschläge in verschiedener Richtung aufweist.

o) Bei der Montage der Maschine ist darauf zu achten, daß die Welle genau wagrecht liege und leicht in den Lagern laufe. Wenn sich bei dem Drehen in den Lagern ein Widerstand zeigt, ist anzunehmen, daß die wagrechte Lage nicht genau eingehalten ist und müssen die Spannschienen mittelst untergelegter Keile in Ordnung gebracht werden. Erst dann sind die Verbindungsschrauben zwischen Maschine und Spannschienen anzuziehen und das Untergießen der Schienen mit Beton hat erst nach Anziehen der Verbindungsschrauben zu geschehen.

3. Anlassen, Abstellen und Parallelschalten von Gleichstrommaschinen, Nebenapparate.

Kleine Motoren bis etwa $1/4$ PS Leistung können durch einfaches Ein- und Abschalten ohne Anlaßwiderstand angelassen und abgestellt werden. Für größere Motoren ist unbedingt ein Anlaßwiderstand erforderlich. Wenn durch eine Unterbrechung in der Stromlieferung ein Motor zufällig stehen bleibt, so ist der Anlaßwiderstand zurückzustellen und nach Wiederbeginn der Stromlieferung der Motor neuerlich anzulassen. Treten solche Unterbrechungen häufiger ein,

[1]) Zu derartigen Isolationsmessungen wird vielfach auch der sogenannte Kurbelinduktor verwendet.

so empfiehlt sich die Verwendung von Anlassern mit Minimalstromausschaltern.

Motoren, welche unter Verhältnissen arbeiten, bei denen zeitweilige Überlastungen nicht ausgeschlossen sind, sichert man statt mit Abschmelzsicherungen mit Maximalausschaltern. Letztere lassen sich viel genauer auf bestimmte Stromstärken einstellen und bilden daher einen verläßlicheren Schutz.

Man verwende nur solche Anlasser und Nebenschlußregler, bei welchen der Erregerstromkreis von dem Übergang der Kontaktkurbel in die Ausschaltstellung auf den Anker geschaltet bzw. kurzgeschlossen wird. (Eingehende Begründung siehe IV. Anlassen und Regeln der Gleichstrommotoren.)

Man achte besonders auf die Vermeidung sehr häufig vorkommender Fehlschaltungen. Den von der Fabrik gelieferten Anlassern und Nebenschlußreglern wird stets ein genaues Schaltungsschema gegeben, bei dessen sorgfältiger Einhaltung derartige Fehlschaltungen ausgeschlossen sind.

Bei dem Anlassen von Nebenschlußdynamos ist zuerst die unerregte Maschine bei offenem Ankerstromkreise und eingeschaltetem Erregerwiderstande auf die volle Umdrehungszahl zu bringen. Hierauf ist der Erregerwiderstand kurz zu schließen und dann erst der Ankerstromkreis zu schließen. Bei dem Abstellen ist die entgegengesetzte Reihenfolge zu beobachten. Das Parallelschalten einer neuen Maschine auf die unter Spannung befindlichen Sammelschienen darf erst geschehen bis die neu hinzukommende Dynamo mit Hilfe des Erregerwiderstandes auf die genaue Schienenspannung eingestellt ist.

4. Besondere Vorschriften für die Bedienung von Wechsel- und Drehstrommaschinen.

Außer den allgemeinen Vorschriften zur Wartung von elektrischen Maschinen, die sinngemäß auch hier zu beachten sind, ist noch folgendes von Wichtigkeit:

a) Behandlung der Schleifringe und Bürsten. Neu eingesetzte Bürstenklötze sind dadurch der Rundung der Schleifringe anzupassen, daß man Streifen von Glaspapier, mit der rauhen Seite nach außen, zwischen Schleifringen und Bürsten mehrmals bei stillstehender Maschine durchzieht. Eine Behandlung der Schleifringe selbst mit Glas- oder Schmirgelpapier ist unzulässig, ebenso deren etwaige Einfettung, Die Bürsten sollen mit einem Drucke von etwa $^1/_4$ kg per cm^2 Auflagefläche auf die Schleifringe drücken.

Bürsten und Schleifringe dürfen bei ordnungsmäßiger Behandlung nur eine sehr geringe Abnützung aufweisen. Die Bürstenklötze müssen, bei Motoren ohne Kurzschließer mindestens einen vierteljährigen Dauerbetrieb ohne Auswechslung aushalten. Stärkere Abnützung ist ein Zeichen irgendeines Mangels, der durch sachkundige Hand beseitigt werden muß.

b) **Anlassen und Abstellen.** A. Motoren mit Kurzschlußanker werden durch einfaches Schließen und Öffnen des Schalters bzw. des Sterndreieckschalters oder Gehäuseanlassers angelassen und abgestellt.

B. Motoren mit Schleifringanker werden angelassen, indem man den Stator einschaltet und den Anlaßwiderstand langsam (Zeitdauer 10—12 Sekunden) schließt. Hat der Motor mit fortschreitendem Schließen des Widerstandes seine normale Tourenzahl erreicht, so werden die Schleifringe durch die Kurzschlußvorrichtung kurzgeschlossen und die Bürsten abgehoben. Vor dem jedesmaligen Anlassen von Schleifringmotoren überzeuge man sich, ob die Bürsten in Ordnung sind, ob sie auf den Schleifringen aufliegen und bei Motoren mit Kurzschließern überdies, ob der verschiebbare Kurzschlußring außer Berührung mit den Kontaktfedern steht.

Auf keinen Fall darf der Motor mit abgehobenen Bürsten angelassen werden.

Um Isolationsdurchschläge beim Einschalten zu vermeiden, werden bei Motoren von 30 PS aufwärts alle Metall- und Ölanlasser ohne Unterbrechung des Rotorstromkreises in der Ausschaltestellung geliefert. Bei Flüssigkeitsanlassern empfiehlt es sich, aus dem gleichen Grunde das Einschalten des Stators bei 2—3 cm tief eingetauchten Tauchplatten vorzunehmen.

Beim Abstellen ist der Motor zunächst tunlichst zu entlasten und sodann der Stator abzuschalten. Das Rückstellen der Kurzschlußvorrichtung und Auflegen der Bürsten zwecks allfälligen Wiederanlassens soll erst nach der Statorabschaltung erfolgen.

Sollte ein Motor aus unvorhergesehenem Anlasse während des Betriebes plötzlich stehen bleiben, so ist der Stator unverzüglich abzuschalten, um ein Verbrennen der Wicklung zu verhüten. Erfolgt der Stillstand infolge Ausbleibens des Stromes, so ist der Motor nach Wiederbeginn der Stromlieferung neuerlich, wie vorher beschrieben, anzulassen.

Einphaseninduktionsmotoren mit Kurzschlußanker entwickeln beim Anlauf eine geringe Anzugskraft, welche eben genügt, um den Motor und ein eventuell leer mitlaufendes Vorgelege auf die normale Tourenzahl zu bringen. Einphasenmotoren mit Schleifringanker können mit etwa der halben Vollast anlaufen.

c) **Nebenapparate.** Für Kurzschlußmotoren wird dringend die Anwendung von Anlaßschaltern mit Grob- und Feinsicherungen bzw.

von Sterndreieckschaltern empfohlen. Letztere verringern auch den Stromstoß beim Einschalten.

Motoren, welche unter Verhältnissen arbeiten, bei denen zeitweilige Überlastungen nicht ausgeschlossen sind, sichert man statt mit Abschmelzsicherungen mit Maximalausschaltern. Letztere lassen sich viel genauer auf bestimmte Stromstärken einstellen und bilden daher einen verläßlicheren Schutz.

d) Anlassen, Abstellen und Parallelschalten von Wechselstrom- und Drehstromgeneratoren. Das Anlassen geschieht in derselben Weise wie bei Gleichstromdynamos, indem nach Erreichen der vollen Umlaufzahl erst die Erregermaschine und dann der Generator durch Kurzschließen des Feldwiderstandes erregt wird.

Das Parallelschalten erfolgt mit Hilfe einer Synchronisierungsvorrichtung (eventuell zwei Lampen oder Synchronisierungsvoltmeter) oder eines automatischen Synchronisators. Bezüglich deren Verwendung muß auf die betreffende Spezialliteratur verwiesen werden. (Siehe auch Kap. VII.)

5. Störungserscheinungen an elektrischen Maschinen und deren Behebung.

Untenstehend folgt eine Zusammenstellung der Störungserscheinungen, welche am häufigsten an elektrischen Maschinen wahrnehmbar sind, und zwar ist diese Zusammenstellung in der Weise abgefaßt, daß neben dem für die Störung kennzeichnenden Symptom gleich die in Frage kommenden Störungsursachen und ebenso auch die Art und Weise der Abhilfe angegeben sind.

Die Störungserscheinungen sind in Rubriken eingestellt, je nachdem dieselben hauptsächlich bei Gleichstrom- oder bei Drehstrommotoren, bzw. bei Gleichstrom- oder Drehstromgeneratoren zu finden sind.

Es ist jedoch selbstverständlich, daß das eine oder andere Symptom ebensowohl bei Gleichstrom- als bei Drehstrommotoren bzw. Generatoren auftreten kann und gelten auch in solchen Fällen die Angaben, welche betreffs Abhilfe gemacht sind.

Symptome der Störung	Ursache der Störung	Abhilfe
a) Störungserscheinungen bei Gleichstrommotoren.		
Am Kollektor treten Funken auf.	1. Die Bürsten liegen schlecht auf.	Siehe Bedienungsvorschriften Punkt *i*.
	2. Die Kollektoroberfläche ist durch Staub, Kohle, Öl, Metallspäne usw. verunreinigt.	Siehe Bedienungsvorschriften Punkt *e* und *g*.
	3. Zittern der Bürstenhalter und Bürsten, gewöhnlich hervorgerufen durch nicht genügend feste Montierung der Maschine oder durch Unebenheiten des Kollektors.	Siehe Bedienungsvorschriften Punkt *g* (Abdrehen des Kollektors und *o* (Montieren der Maschine).
	4. Unrichtige Verteilung der Bürsten am Kollektorumfange.	Siehe Bedienungsvorschriften Punkt *l*.
	5. Die Isolation des Motors bzw. des Kollektors ist beschädigt.	Siehe Bedienungsvorschriften Punkt *m*.
	6. Die Isolierlamellen des Kollektors treten in radialer Richtung über die Kupferlamellen vor.	Siehe Bedienungsvorschriften Punkt *k*.
	7. Die Bürsten stehen nicht im richtigen Abstande von der neutralen Zone.	Die Bürsten sind bei halbbelasteter Maschine soweit in der neutralen Zone zu verschieben, bis sich am Kollektor keine Funken mehr zeigen. Eine weitere Einstellung der Bürsten zwischen Leerlauf und Vollast wird dann nicht mehr nötig sein.
	8. Überlastung des Motors durch zu hohe Stromstärke (Kontrolle mittels Amperemeters).	Die richtige Stromstärke ist aus dem Leistungsschilde der Maschinen zu ermitteln. Die Betriebsstromstärke darf nicht dauernd die vorhergesehene Stromstärke überschreiten.
	9. Die Netzspannung entspricht nicht der Spannung für die die Maschine gebaut ist (Kontrolle des Voltmeters).	Die richtige Spannung ist an dem Leistungsschilde jeder Maschine verzeichnet. Die Netzspannung ist häufig zeitweise niedriger als erforderlich ist. Dieser Fehler muß der Kontrolle mitgeteilt werden.

Symptome der Störung	Ursache der Störung	Abhilfe
Am Kollektor treten Funken auf.	10. Nach Reparaturen können die Verbindungen der Wendepole falsch geschaltet worden sein. Die Polarität der Pole und der Wendepole ist mittels einer Magnetnadel festzustellen.	Die Wendepolverbindungen sind so zu schalten, daß bei Motoren auf einen positiven Hauptpol ein positiver Wendepol folge, während bei Dynamomaschinen nach einem positiven Hauptpol ein negativer Wendepol kommt. (Im Sinne der Drehrichtung).
Bildung langer blauer Funken an einer Stelle des Kollektorumfanges. Ausbrennen der Isolation an dieser Stelle.	11. Die Ankerwicklung ist an der Stelle, welche der Funkenbildung am nächsten liegt, unterbrochen.	Die Reparatur muß sachgemäß ausgeführt werden. Dem Übel kann zeitweise abgeholfen werden, indem man die beiden Lamellen zwischen denen der Funken auftritt, mittels eines aufgelöteten Kupferbügels kurzschließt. Das Löten hat ohne Anwendung von Säure zu geschehen.
Funken am Kollektor: geringe Erwärmung einiger Magnetspulen; ungleiche Spannungen an den Enden der Magnetspulen.	12. Die Isolation der sich verhältnismäßig wenig erwärmenden Spulen ist beschädigt, so daß einzelne Windungen kurzgeschlossen sind und der Strom nicht durch die ganze Spule fließt.	Die Reparatur der schadhaften Magnetspulen muß in einer entsprechenden Reparaturwerkstätte vorgenommen werden.
Der Motor läuft leer an oder bleibt nach dem Anlassen stehen, sowie er belastet wird.	13. Das Magnetfeld ist zu schwach, weil Spulenteile kurzgeschlossen oder unterbrochen sind.	Wie unter Punkt 12 ausgegeben.
	14. Die Pole folgen in unrichtiger Polarität aufeinander.	Wie unter Punkt 10 ausgegeben.
	15. Der Anlasser ist falsch mit dem Motor bzw. mit dem Netze verbunden.	Schaltungsschema nachprüfen.
Der Motor läuft schwer an oder verbraucht schon bei Leerlauf unter ungewöhnlicher Erhitzung viel Strom.	16. Die Fehler können die gleichen wie unter Punkt 13 und 14 angegeben sein.	Wie unter Punkt 10 und 12.
Der Motor läuft nur schwer an oder dreht sich in der entgegengesetzten Richtung.	17. Mehrere Ankerspulen sind kurzgeschlossen oder verbrannt.	Die Reparatur soll in der Fabrik ausgeführt werden, welche den Motor geliefert hat. Falls sachkundige Arbeiter vorhanden sind, können Reservespulen auch an Ort und Stelle eingelegt werden.
Der Motor läuft nicht an und es geht kein Strom durch seine Schaltung.	18. Schlechte Kontakte; falsche Schaltung zwischen Netzanlasser und Motor; ausgebrannte Sicherungen.	Schaltungsschema, Kontakte, Sicherungen nachprüfen und in Ordnung bringen.

Symptome der Störung	Ursache der Störung	Abhilfe
Nebenschluß oder Kommutatormotoren zeigen zwischen Vollauf und Leerlauf ungewöhnlich große Verschiedenheit in der Geschwindigkeit.	19. Die Bürsten sind nicht richtig eingestellt.	Wie unter Punkt 7.
Ruckweises Laufen.	20. Zwischen den Kollektorlamellen befinden sich Metallspäne.	Kollektor reinigen.
Die Dynamo gibt keine oder zu geringe Spannung.	21. Schlechte Kontakte.	Alle Kontakte in der Zuleitung sind zu untersuchen. Die Bürsten sind auf den Kollektor zu drücken. Der Kollektor ist rein zu halten.
	22. Die Ankerwicklung oder einzelne Magnetspulen zeigen einen Körperschluß.	Die Isolation ist zu prüfen (siehe Punkt *m* der Bedienungsvorschriften).
	23. Die Dynamo läuft mit zu kleiner Umdrehungszahl.	Die richtige Drehungszahl ist auf dem Leitungsschildchen der Dynamo vermerkt und hat die tatsächlich erreichte Geschwindigkeit nachgeprüft zu werden.
	24. Falsche Schaltung.	Mit jeder Maschine wird ein Schaltungsschema geliefert und ist an Hand desselben die Schaltung nachzuprüfen.
	25. Die Ankerwicklung ist unterbrochen. Dies kann nachgeprüft werden, indem man mittels eines Leitungsdrahtes den zwischen zwei benachbarten Bürstenbolzen befindlichen Teil des Kolbes kurzschließt. Das Zeichen einer unterbrochenen Ankerwicklung ist, daß sich die Dynamo nach Vornahme des erwähnten Kurzschlusses erregt und daß zwischen zwei Lamellen ein blauer Funke um den Kollektor läuft.	Wie unter Punkt 11 angegeben.

Symptome der Störung	Ursache der Störung	Abhilfe
Die Dynamo gibt keine oder zu geringe Spannung.	26. Die Nebenschlußklemmen sind vertauscht.	Die Enden der Magnetwicklung sind zu vertauschen. Bei Kompoundmaschinen sind unter Umständen auch die Enden der Serienwicklung zu vertauschen.
	27. Kurzschluß am Schaltbrett oder in der Zuleitung.	Die Leitung ist nachzuprüfen und in Ordnung zu bringen.
	28. Die Maschine hat ihren remanenten Magnetismus verloren. (Etwa indem man sie an Ort und Stelle in entgegengesetzter Drehrichtung als bei der Probe im Prüfraume der Lieferfirma laufen ließ.)	Siehe Betriebsvorschriften *n*.
Die Dynamo gibt keine Spannung; einzelne Ankerteile erhitzen sich bei eventueller Rauchentwicklung bedeutend.	29. Die Ankerwicklung ist in sich selbst durch Verletzung der Isolation kurzgeschlossen. Die verletzten Spulen zeigen große Erwärmung.	Wie unter Punkt 17 angegeben. (Der Fehler kann auch durch Messung des Ankerwiderstandes festgestellt werden.)
Die Dynamo gibt keine Spannung; falls zwecks Feststellung des Fehlers von einer besonderen Stromquelle aus erregt wird, zeigt sich starkes Feuern am Kollektor.	30. Die Bürsten befinden sich nicht in der richtigen Stellung.	Der ganze Bürstenring ist so weit zu verschieben, bis das Feuern aufhört. Dann ist statt der Fremderregung wieder die normale Erregung einzuschalten.
Die Dynamo gibt keine Spannung; falls separat erregt wird, zeigen sich Erdschluß- u. Feuererscheinungen.	31. Isolationsfehler. Das Feuer erscheint an der beschädigten Stelle.	Der Fehler ist gemäß Bedienungsvorschriften Punkt *m* zu lokalisieren. Die Isolation ist auszubessern.
Die Dynamo gibt keine Spannung; falls separat erregt wird, zeigen sich bedeutende Erwärmung.	32. Kurzschluß in einem Teile der Ankerwicklung.	Wie unter Punkt 17 angegeben. (Messung des Ankerwiderstandes.)

b) Störungserscheinungen bei Wechsel- und Drehstromgeneratoren.

Der Generator gibt keine Spannung.	33. Die Erregermaschine gibt keine Spannung.	Es gelten alle Möglichkeiten und Vorschriften, die für Gleichstrommaschinen erwähnt wurden. (Punkt 21 bis 31.)

Symptome der Störung	Ursache der Störung	Abhilfe
Der Generator gibt keine Spannung.	34. Die Erregermaschine ist so geschaltet, daß ihre Spannung sich von der remanenten Generatorerregung abzieht.	Die Elemente der Nebenschlußleitung an der Erregerdynamo sind zu vertauschen.
	35. Irgendwelche Kontakte sind schlecht (Bürsten, Schleifringe usw.)	Kontakte nachprüfen. Ob Erregerstrom vorhanden ist, kann untersucht werden, indem man ein Eisenstück in die Nähe der Generatorpole bringt. Falls Strom vorhanden ist, wird das Eisen angezogen werden.
	36. Die Zuleitung ist an einer Stelle unterbrochen.	Zuleitung prüfen.
Der Generator gibt keine Spannung; trotzdem der Erregerstrom sehr groß ist.	37. In dem Erregerstromkreise oder bei den Schleifringen ist ein Kurzschluß vorhanden.	Der Kurzschluß ist aufzusuchen und zu beheben.
Der Generator gibt nur in einer Phase Spannung.	38. Die Ständerwicklung ist unterbrochen.	Die Reparatur wäre in einem geeigneten Werke vorzunehmen.
Der Generator gibt nicht die volle Spannung.	39. Die Antriebsgeschwindigkeit ist zu gering.	Der Regulator der Betriebsmaschine ist zu prüfen und die Geschwindigkeit mit Tachymeter zu untersuchen.
Der Generator zeigt zu hohe Erwärmung.	40. Die Maschine ist für Dreieckschaltung gebaut und in Sternschaltung angeschlossen (oder umgekehrt). Die falsche Schaltung kann etwa nach an Ort und Stelle bewerkstelligten Reparaturen vorgenommen worden sein.	Anläßlich der Installation ist bei der Fabrik zu fragen, wie die Schaltung ausgeführt werden soll.

c) Betriebsstörungen an Wechsel- und Drehstrommotoren.

Der Motor läuft nicht an.	41. Es sind Unterbrechungen in der Leitung oder bei den Sicherungen vorhanden, auch können die Kontakte an den Schleifringen, bei den Bürsten, bei dem Anlasser oder sonst wo gelitten haben.	Das ganze Leitungsschema ist nachzuprüfen und die Kontakte zu untersuchen.

Symptome der Störung	Ursache der Störung	Abhilfe
Der Motor läuft nicht an.	42. Nach an Ort und Stelle vorgenommenen Reparaturen können die Verbindungen im Rotorinneren unrichtig geschaltet worden sein.	Bei ausgeschaltetem Anlasser (offener Läuferkreis) sind die Spannungen an den Schleifringen zu messen. Falls dort keine Spannung vorhanden, ist die Unterbrechung erwiesen. Falls die Einzelspannungen nicht gleich sind, ist ein innerer Wicklungsschaltungsfehler vorhanden.
	43. Der Motor ist für Dreieckschaltung gebaut und kann nach einer an Ort und Stelle vorgenommenen Reparatur etwa in Stern geschaltet worden sein (oder umgekehrt).	Am Motorenklemmbrette sind die Ständerverbindungen zu lösen, die Phasenanfänge und -Enden zu bestimmen und gemäß dem Schaltungsschema zu schalten.
Der Motor läuft nicht an und läßt starkes Brummen hören.	44. Die innere Schaltung ist falsch, indem Anfang und Ende der Phasen vertauscht sind.	Wie unter Punkt 46 angegeben.
Der Motor läuft mit zu großem Schlupfe.	45. Die Spannung ist zu gering.	Mit Voltmeter nachprüfen.
	46. Durch Abnützung der Lager kann der Läufer sich gesenkt haben, so daß er nun am Ständereisen schleift.	Lagerschalen auswechseln. Falls größerer Schaden geschehen ist, muß der Motor an die Fabrik zurückgesandt werden.
	47. Eine Phase ist unterbrochen und der Drehstrommotor läuft nun als Wechselstrommotor weiter. (Schlechte Schleifringkontakte ergeben unter Umständen dieselbe Wirkung.)	Die unterbrochene Phase muß in einer elektrotechnischen Fabrik repariert werden. Kontaktfehler sind an Ort und Stelle zu beseitigen.
	48. Die Zuleitungen zu dem Motor (bei Sterndreieckschaltungen 6 Leitungen) sind so verlegt, daß durch Induktionswirkung ein Teil der Spannung abgedrosselt wird.	Es sind stets drei Leitungen, deren Stromsumme 0 bildet, gemeinsam in ein Rohr zu verlegen.
Der Motor läuft mit zu großem Schlupf, die Spulen zeigen verschiedene Temperaturen und es läßt sich ein Brummen vernehmen.	49. Einzelne Spulen sind kurzgeschlossen und ist daher der Strom ungleichmäßig auf die drei Phasen verteilt.	Die Reparatur ist in einer elektrotechnischen Fabrik vorzunehmen.

Symptome der Störung	Ursache der Störung	Abhilfe
Der Motor zeigt zu große Erwärmung.	50. Belastung oder Spannung zu hoch.	Stromstärke und Spannung sind zu messen und mit den Angaben des Leistungsschildchens zu vergleichen.
	51. Falsche Schaltung wie unter 44.	Wie unter Punkt 44.
	52. Die Fehler oder Punkt 53 können auch allzugroße Erwärmung veranlassen.	Wie unter Punkt 53.
Der Motor läuft zu langsam und kommt bei Belastung aus der Phase.	53. Schlechte Kontakte in der Ständerwicklung.	Den Kontaktfehler aufsuchen und beheben.
	54. Die Spannung ist, etwa überlastungshalber oder wegen zu geringer Bemessung der Netzleiter zu klein.	Zuleitung auswechseln. Unter Umständen größeren Motor einstellen.
Großer Spannungsabfall zwischen Leerlauf und Vollast.	55. Der Läuferwiderstand ist zu groß (vielleicht weil der Widerstand der Verbindungsleitung zwischen Motor und Anlasser zu groß ist.	Kurzschließer Leitung, Kontakte, Bürsten und Schleifringe untersuchen.

d) Störungserscheinungen, welche von mechanischen Ursachen bedingt sind.

Die Lager zeigen ungewöhnliche Erwärmung.	56. Die Maschine ist schlecht montiert, die Welle liegt nicht horizontal.	Siehe Betriebsvorschriften Punkt *o*.
	57. Der Riemen ist zu straff angezogen.	Riemen nachlassen.
	58. Der Riemen ist infolge schlecht montierter Scheibe nicht vertikal zur Welle gestellt.	Genau montieren.
	59. Das Öl ist minderwertig.	Das Öl ablassen, Lager mit reinem Petroleum oder Benzin auswaschen, Öl erneuern.
	60. Das Öl enthält Unreinigkeiten.	

GPSR Compliance

The European Union's (EU) General Product Safety Regulation (GPSR) is a set of rules that requires consumer products to be safe and our obligations to ensure this.

If you have any concerns about our products, you can contact us on ProductSafety@springernature.com

In case Publisher is established outside the EU, the EU authorized representative is:

Springer Nature Customer Service Center GmbH
Europaplatz 3
69115 Heidelberg, Germany

Batch number: 10682411

Printed by Printforce, the Netherlands